在冰川
消失之前
關於遠古時間與未來之水的27則故事
On Time and Water
Um tímann og vatnið
Andri Snær Magnason
安德烈・賽恩・馬納松———著
劉泗翰———譯

目錄

01【作者序】祝你躬逢「盛世」 005
02 小寶藏 010
03 未來對話 019
04 投影片 023
05 上帝之廣袤無垠中的萬物俱寂 053
06 作家障礙 060
07 講故事 070
08 我們不了解的詞彙 075
09 尋找聖牛 088
10 聖人來訪 108
11 來自錯誤之神的啟示 124
12 回到過去 133
13 鱷魚夢 148

14 現代神話 164
15 北緯64度35分378秒，西經16度44分691秒 176
16 宇宙之母，其白如霜 200
17 告別白色巨人 207
18 蒸氣機之神 214
19 文字障礙 235
20 看見藍海 248
21 也許什麼事都沒有 281
22 在達蘭薩拉的會客室訪問達賴喇嘛 295
23 母親的乳汁 320
24 瑟布賈納森鱷 330
25 二〇五〇年 334
26 未來對話 348
27 現代「靜止」啟世錄 352
參考資料・名詞對照表・圖片來源 366

01

作者序

祝你躬逢「盛世」

「注意你注意到的事。」

——索瓦多・索斯坦森[1]

每次有海外訪客到雷克雅未克，我總是開車載著他們到博爾加頓街（Borgartún）——我稱之為「夢碎大道」的一條街——指著霍菲迪樓（Höfdi）給他們看，那是一棟白色木造建築，正是雷根與戈巴契夫在一九八六年會面之地，許多人將這棟房子與共產主義終結、鐵幕落幕聯想在一起。而最靠近霍菲迪樓的建築物，則是一個黑色的方型結構，全由玻璃帷幕與大理石材打造而成，曾經是克伊普辛銀行（Kaupthing Bank）的總部。克伊普辛銀行在二〇〇八年破產倒閉，是資本主義史上第四大破產案——不只是以冰島總人口的人均數來說，也是以美元淨值而言：兩百億美元。

我無意在別人的傷口灑鹽，只是覺得驚訝，沒想到在我中年之前，就已經目睹

1 譯註：Thorvaldur Thorsteinsson 是冰島的作家、劇作家和視覺藝術家。

了兩大信仰體系的垮台：共產主義與資本主義。此二者皆由位居體制、政府和文化頂端的人物護持，這些人受到尊崇的程度與他們在金字塔尖端的高度成正比。在這些體系深處的人，始終保持風光的門面，直到吞下最後的苦果。一九八九年一月十九日，東德的德國統一社會黨總書記艾里希．何內克（Erich Honecker）說：「這堵牆在五十年內都會屹立不搖，再過一百年也是一樣。」當年十一月，那堵牆就垮了。二〇〇八年十月六日，克伊普辛銀行總裁在該銀行收到冰島中央銀行的緊急貸款後，還在電視訪問中說：「我們的確營運得很好，中央銀行可以放心，這筆債絕對收得回來……我可以毫不遲疑地跟你說。」三天後，克伊普辛銀行就倒閉了。

當一個體系崩壞，語言就失去了定錨；原本應該概括現實的文字，頓時變得空洞，懸浮在半空中，不再指涉任何事物。教科書在一夜之間遭到淘汰，過度複雜的階級制度也逐漸消失。人們突然覺得找不到合適的詞彙來說明符合他們現實的概念。

在霍菲迪樓與克伊普辛銀行的舊總部之間，有一片綠地；中間是一片不起眼的樹林：只有六株雲杉與一些毛茸茸的柳樹灌木。我躺在樹叢裡，就在兩棟建築物之間，仰望著天空，忍不住揣測下一個崩壞的體系會是哪一個，又會有哪一個大創意落地生根。

科學家已經告訴我們：生命的根本——也就是地球本身——已經在崩壞之中。二十世紀的主要思想就是認為地球與自然皆是平價且取之不盡的原料來源，人類認定大氣可以持續不斷地吸收排放的氣體，海洋可以毫無止境地吸納廢棄物，土壤只要持續施肥就可以不停地重生，各物種的動物也會不斷地遷徙騰出空間，讓人類開墾殖民。

如果科學家對於海洋與大氣的未來、對於氣候體系的未來、對於冰川與海岸生態系統的未來所做預測是精確無誤的，那麼我們就必須思考有哪一個詞彙可以概括這些龐大的議題。什麼樣的思想可以處理這些議題？我應該閱讀什麼？密爾頓・傅利曼、孔夫子、卡爾・馬克思、啟示錄、可蘭經、還是吠陀經？要如何馴服我們的慾望？——這種消費與物質主義，無論用任何一種或是所有的衡量標準來看，都一定會超過地球的根本生命體系。

本書寫的是時間與水。在未來的幾百年間，地球上的水會產生性質上的根本變化。冰川會融解，海平面會上升，全球溫度上升會導致旱澇，海洋會酸化到五千萬年來從未見過的程度。如果有個孩子在今天出生，並且活到我祖母的年紀——也就是九十五歲——那麼在他有生之年，就會看到所有的這些變化。

地球上最強大的力量已經背離了地質時間，現在改以人類的比例在變化。過去要數十萬年才會發生的變化，如今一百年內就會出現。這樣的速度簡直就是神話，也影響到地球上的所有生命，從根本影響到我們思考、選擇、生產或信仰的每一件事。眼前面臨的變化比我們心智平常處理的大多數事情都要複雜，這些變化超越了我們過去的任何經驗，也超越了我們賴以探索現實的大多數語言與隱喻。

以記錄火山爆發的聲音來做比喻吧。就大多數的裝備來說，錄下來的聲音都會變得模糊，除了噪音之外，什麼都聽不到。對大多數人來說，「氣候變遷」一詞無非只是白噪音。我們比較容易對較小的事情發表意見。我們可以理解失去一些寶貴的東西，可以理解動物遭到射殺，可以理解計畫的預算爆表、超過原本核可的金額。但是談到無限大、神聖不可侵犯、與我們生命根本息息相關的事情，反而沒有可以相提並論的反應，就好像大腦無法處理這麼大規模的事情。

這種白噪音騙了我們。我們看到新聞標題，以為理解其中的文字：「冰川消融」、「破紀錄高溫」、「海洋酸化」、「排放增加」。如果科學家說的沒錯，這些字眼所代表的意義，遠比人類歷史上到目前為止發生過的任何事情都還要更嚴重。如果我們充分理解這些字眼，就會直接改變我們的行動與選擇；但是這些字的意義，似乎有百分之九十九都在白噪音中消失了。

或許，「白噪音」不是一個好的比喻；這種現象更像是黑洞。沒有科學家曾經看過黑洞，裡面有上百萬顆太陽的質量，可以完全吸收光線。偵測黑洞的方法就是觀察黑洞以外的地方，觀察周遭的星雲與星體。同樣的，一旦討論到影響地球上所有水體、整個地球表面、整個星球大氣的議題，這個題目本身就巨大到足以吞噬所有的意義。因此，書寫這個主題的唯一方法就是跳過這個主題，書寫周圍左右、上下前後，深入過去與未來，既要科學客觀，也要有個人主觀，同時還要用到神話語言。我必須以**不寫到**這些事情的方法，來寫這些事，必須以退為進。

我們活在一個思想和語言都已掙脫意識型態枷鎖的時代，我們生活的這個年代彷彿受到古老的中國詛咒——這個翻譯肯定不對，但是卻再適合不過了：「祝你躬逢『盛世』」！

02 小寶藏

我在一九九七年畢業於冰島大學，取得文學學位；那年夏天，進了阿尼·馬格努斯森中世紀研究所[2]工作。這個研究所就在大學校園內，在一扇上了鎖的門後，雖然我在同一棟建築裡唸了好幾年書，但是不知道為什麼，卻從未走進這扇門。那是一道神祕的門檻，就像所謂的精靈石頭，據說就是冰島「隱匿族」[3]居住的地方。我曾經聽說有人從那扇門消失，就再也不曾出現。研究所裡收藏著冰島傳奇的手稿，還有需要寧靜與時間來鑽研這些寶藏的學者。在這裡，按門鈴就像是拉火警警鈴一樣令人望之怯步；我始終不敢去按門鈴，直到有一天，那種想要進去一探究竟的渴望漲滿了內心，這才終於鼓起勇氣按了門鈴，同時獲邀入內。

門後是一片寧靜、微暗，空氣中飄浮著舊書的厚重氣息，那種靜止停滯對一個年輕人來說，真的是很沉重，讓人感到一股不安。我進來了，處在這些研究古老手稿的學者之間，其中有些人甚至是我祖父輩的年紀。當我們圍在咖啡壺邊討論的話題轉移到索爾瓦德在八六年夏天有沒有去斯卡加峽灣（Skagafjördur）時，我

---

2 譯註：Árni Magnússon Institute for Medieval Studies 是位在冰島首都雷克雅未克的一所學術研究所，以收藏和研究中世紀冰島手稿聞名。研究所以 Árni Magnússon（1663-1730）的名字命名，他是冰島著名的手稿收藏家與學者。

3 譯註：「Hidden people」在冰島語中稱之為「Huldufólk」，是傳說中可以跨越三度空間隱身的一個精靈族。

赫然感到自身的渺小，因為我甚至不知道他們講的是一一八六、一五八六，還是一九八六。因為害怕自己被認為不學無術，讓我更不敢開口說話；頓時，我覺得自己既無知又無言（還是我應該說**腦笨口拙**？）。

我在夏天一直都做戶外的工作——整地或是園藝——向來同情坐辦公室的人沒有自由。坐在研究所裡，我發現自己經常望向窗外，看著穿著輕便的同儕在大學綠地裡割草，而我的思緒更是飛到超越他們的遠處，想著更寬廣的世界。約翰·瑟布賈納森（John Thorbjarnarson）——我母親同父異母的弟弟，是個生物學家——曾經找我去委內瑞拉協助他研究巨蟒的交配習慣；我們也曾經在亞馬遜雨林跟一群科學家合作，清查馬米拉瓦永續發展保護區（Mamirauá Sustainable Development Reserve）內的鱷魚卵數量，是黑凱門鱷魚保育計劃的一部份，那是南美洲最大的掠食者，學名叫做 *Melanosuchus niger*。淡水沼澤森林的水位在一年內的波動可達十公尺，所以我們住的房子都漂浮在水面。「早晨聽著淡水江豚在你門口捕魚的聲音醒來，那種喜悅，非同小可，」約翰說。

那個時候，我跟女朋友瑪格麗特正準備迎接我們的第一個孩子，如果我一個人跑到那麼遠的地方去探險，似乎有點不負責任。你可以說我的生命在這裡岔出了兩條路。冒著蒸氣的火車開到了委內瑞拉，然後再深入亞馬遜，留下我像是旁觀者看著自己的存在，懷疑嚴肅的學術研究與孤獨的寫作是否適合我。

有一天，我受命要在樓上的小畫廊裡辦一個手稿展，由文獻學者吉斯利・西古德松（Gísli Sigurdsson）負責策展；他要我跟著他走到地下室一扇厚重的鋼門邊，然後拿出三把鑰匙。當他拉開鋼門，我赫然發現這裡正是存放手稿的地方，是冰島文化史的神聖心臟。我的身邊都是令人歎為觀止的歷史寶物，裡面是羊皮紙手稿，最古老的可以追溯到一一〇〇年左右，描寫在逝去的年代裡發生的事件；裡面是冰島傳奇的原稿：有維京人與武士、有國王、也有古代的法典。吉斯利走到架子旁，打開一個盒子，取出一小本手稿，小心翼翼地交給我。

「這是什麼書？」我低聲問。

我不知道自己為什麼會放低音量，只是在那個空間，就覺得應該要小聲說話才對。

「這是《皇家手稿》（*Codex Regius*），也就是 *Konungsbók*——《國王之書》。」

我像是親炙大明星的追星族一樣，頓時覺得腿軟。《皇家手稿》內有「詩體埃達」（Poetic Edda），是全冰島——甚至整個北歐——最偉大的寶藏，是北歐神話的第二大來源，也是許多著名詩篇的最早手稿，如〈女巫預言〉（Völuspá）、〈高人箴言〉（Hávamál）、〈索列姆之歌〉（Thrymskvida）等，更是華格納、波赫士、托爾金的主要靈感來源。我覺得好像是將貓王本人抱在懷裡似的。

手稿看起來很不起眼。以其內容與影響力來說，應該是穿金戴銀、華麗貴氣才對，但是實際上，卻是又黑又小，幾乎像是一本魔咒書。書本老舊卻不乾癟，漂亮的褐色羊皮紙上有簡單清晰的字體，幾乎沒有圖畫，只有少數幾個放在字首的字母有花體字。這是「人不可貌相」這句話的最古老證明。

文獻學者謹慎地翻開手稿，指著書頁中央一個清晰可辨的s，跟我說：「你唸一下。」於是我瞇起眼睛，看著手稿，直到我辨識出其中內容：

Sól tér sortna sígur fold í mar

太陽昏暗，陸地下沉，天上閃亮的星星消失，

巨大的灰燼燃燒，烈焰吞噬天空。

我看得背脊發涼：這正是「諸神的黃昏」[4]本尊，〈女巫預言〉詩篇中描述世

4 譯註：Ragnarök 是北歐神話預言中的一連串災難巨變，造成諸神死亡和地表下沉；十九世紀德國作曲家華格納的歌劇《尼伯龍根的指環》最後一部，即是以此神話為藍本。

界末日的原始預言。原來的句子就是一長串的字，不像印刷成書後的詩都有分行分段。不管是誰在七百年前寫下了這些字句，我都算是跟他有了直接的接觸。我突然對周遭環境超級敏感起來，害怕不小心咳嗽或是將手稿掉在地上，甚至連在這麼靠近手稿的地方呼吸都覺得罪孽深重。或許這是反應過度了，畢竟這手稿曾經在潮濕的草皮屋裡存放了五個世紀，然後裝在箱子裡，放在馬背上，運過了湍急的冰川，直到一六六二年，才從丹麥以船運回來，送給腓德烈克三世國王做為獻禮。我感到激動不已，覺得自己與深層時間[5]連在一起。我跟寫這手稿的人講同樣的語言。這手稿還能再保存另外一個七百年嗎？直到二七〇〇年？我們的語言與文明能夠持續那麼久嗎？

人類這個物種只保存了少數的神聖古老神話：像是主宰天地的力量與神祇、像是創世紀與末日的概念等等。我們有希臘、羅馬、埃及和佛教的神話，有印度教的世界觀、猶太基督教與伊斯蘭教的世界觀、還有一點點破碎的阿茲特克人的世界觀；北歐神話也是一種這樣的世界觀，因此《皇家手稿》甚至比〈蒙娜麗莎〉還要重要。我們對於北歐神祇、英靈神殿[6]與諸神黃昏的認識，絕大多數都來自此書；這份手稿是取之不盡的靈感來源，更是信仰與藝術的泉源。由此產生的作品有現代

5 譯註：「Deep time」是由十八世紀的蘇格蘭地質學者詹姆斯・赫頓（James Hutton）所提出來的地質時間觀念，可以用來描述地球歷史。

6 譯註：Valhalla 是北歐神話中的天堂，主神奧丁（Odin）命令女武神瓦爾基麗（Valkyrie）將陣亡的戰士英靈帶到此地接待，享受永恆的幸福。

舞、死亡金屬樂團，甚至還有當代的好萊塢經典作品，如：漫威影業出品的《雷神索爾3：諸神黃昏》（*Thor: Ragnarok*），在片中，索爾與好友浩克聯手擊敗了叛變的邪神洛基、火焰巨人蘇爾特爾、冥界女神海拉與令人不寒而慄的巨狼芬里爾。

我將手稿放進小型貨運升降梯送到樓上，同時從一座狹窄的樓梯快步跑上樓去迎接，然後慎而重之地將書放在小推車上，推著車走過長廊，再安安全全地將它鎖進玻璃櫃中，像是躺在保溫箱裡的早產兒一樣受到嚴密保護。在接下來的那一整個星期，我都受到惡夢所擾，在夢中通常都是在市區裡搞丟了那本書；有一次，則是在走廊上遇到一個推著清潔車的婦人，接著就預知了一場文化災難：手稿掉進一桶肥皂水裡，浮起來的時候已經洗得乾乾淨淨——紙上一字不剩，像是一塊白板。

市場行銷並不是研究所裡那些中世紀學者的強項，於是我跟這些寶物枯坐一整天，只見遊客蜂擁去看瀑布與噴泉——古佛斯瀑布（Gullfoss）與蓋錫爾間歇泉（Geysir）。能夠跟我們自己的蒙娜麗莎獨處一室，當然是莫大的榮幸；不過寶物還不僅此一件。與《國王之書》一同展出的，還有研究所裡最珍貴的寶物：《灰雁法典》（*Grágás*）是維京時期的法律書；《默德魯瓦拉書》（*Mödruvallabók*）包括了主要的冰島傳奇；《弗拉泰書》（*Flateyjarbók*）裡則有兩百頁牛皮紙和栩栩如生的插圖。有時候，我站在玻璃櫃旁，試著去讀翻開的書頁上的文字。《國王之書》最容易懂，裡面的文字夠清晰，我可以勉強看得懂這些古老的文字：Ungur var eg fordum, fór eg einn saman（我在年輕時獨自上路，迷了途。當我找到同伴時，覺得自己很富有。人的喜悅就是有人作伴。）

也就是在這個星期的一個晚上，我跟瑪格麗特在半夜衝進產房，然後我懷裡就抱著剛出生的兒子。我這輩子從未經手過這麼新又這麼纖弱的東西，也從未經手過這麼古老又這麼纖弱的東西。我還是繼續夢見自己走在市區，可是現在卻是驚覺自己只穿著內衣，同時搞丟了我的兒子和手稿。

在收藏手稿的那個地下室旁邊，還有一個房間存放了更多的寶藏：一堆錄音帶，是民俗研究學者從一九〇三年到一九七三年間在冰島各地蒐集而來的聲音。在那裡，可以聽到冰島最古老的錄音，那是在一九〇三年用愛迪生留聲機的圓形蠟筒記錄下的聲音；還有婦女、農民和水手唱著搖籃曲、吟誦古老的旋律或是講故事。我從未聽過這麼奇怪又美麗的聲音，頓時腦子裡閃過一個念頭，必須讓這些古老的聲音傳到一般大眾的耳朵裡，這是當務之急。那年夏天，我最主要的工作就是協助民俗學者蘿莎・索斯坦朵蒂爾（Rósa Thorsteinsdóttir）從這些檔案中挑選、編排素材，並且錄製成CD。

每次只要我將轉盤上的黑色錄音帶放進播放器，戴上耳機，就像是走進了時光機器。我跟一位一八八八年出生的老婦人一起坐在她家的客廳，廚房裡的鐘還在滴答、滴答地走，她則吟唱著從祖母那裡學來的旋律；祖母在一八三〇年出生，而這個旋律也是她從她的祖母那裡學來；祖母的祖母在十八世紀末出生，大約是拉基火山爆發的那個年代，而她則是從她在一七四〇年出生的祖母那裡學會了這個旋律。這段錄音是在一九六九年錄製的，所以這個周期橫跨了兩百五十年。在當時的那個世界，總是由最老的來教最小的。老派的旋律美感跟我們熟悉的美妙歌唱大異其趣，那種音調與歌唱風格，完全不像我曾經聽過的任何音樂。我錄下了一些樣本，放給朋友聽，請他們猜猜這是哪裡來的音樂，結果答案有美國原住民、放養馴鹿的薩米族人、西藏僧侶、阿拉伯人的禱告等等。在他們列舉了所有想像得到的遙遠文化之後，我才說：「這是本地的錄音，一九七〇年在西峽灣區（Westfjords）錄的。你們聽到的這個聲音，是一位在一九〇〇年出生的人唱的。」

在家裡，每當我兒子焦躁時，我也會播放這個錄音給他聽；只要音樂一起，他就立刻安靜下來。（我其實有點想做個科學研究，看看古老的吟唱曲調是否對嬰兒有顯著的鎮定功效。）

我開始迷上了捕捉時間的這個概念，因為我發現身邊有這麼多即將消逝的東西，例如這些光滑的黑色錄音帶上的婦人。當時，我有五個祖父母都還健在，於是那年夏天，我開始倉促地蒐集他們的故事：尚恩爺爺出生於一九一九年，狄莎奶奶出生於一九二五年，胡爾達奶奶出生於一九二四年，阿尼爺爺（胡爾達的第二任丈夫）出生於一九二二年，伯恩爺爺出生於一九二一年。他們那個年代是正史上空前的轉捩點，在一次大戰後出生，活過了經濟大蕭條時代，又經歷了二次大戰和許多二十世紀的大變故。他們有些人在出生時甚至還沒有電燈與機器，出生在一個貧困、饑餒的社會。受到這些錄音收藏的啟發，我決定訪問我身邊的這些人。我使用手提式的VHS攝影機、口述錄音機，後來當智慧型手機問世之後，也派上用場。老實說，我並不知道自己在找什麼，就只是想蒐集所有能夠找到的任何東西，希望後世會有人懂得欣賞。也就是創造我自己的檔案：安德烈．馬納松研究所。

03

未來對話

我在胡爾達奶奶與阿尼爺爺位在海拉德貝爾區（Hladbær）的家裡，我們坐在廚房裡，艾里達河（Ellidaá）就從門口緩緩流過，有人在河濱步道慢跑；藍山（Bláfjöll）的山坡上還留有殘雪，但是院子裡的花已然盛開。我打開電腦，放一部影片給胡爾達奶奶跟我母親看；這是我在他們儲藏室裡找到的一捲十六釐米卡帶，然後轉拷成數位影片，已經十幾年沒有人看過了。影片是阿尼爺爺在一九五六年拍攝的黑白默片，畫質還很好。影片中，端莊有禮的孩子們坐在餐廳裡，就在賽拉斯（Selás）三號這棟由我曾祖父在河邊蓋的白色大房子裡。孩子們都有一小杯可樂，然後胡爾達出現了，她臉上帶著微笑，手裡捧著帕芙洛娃蛋糕，上面還有蠟燭。餐桌的最末端，坐著一對十歲的雙胞胎姐妹花，她們笑著用力地吹熄蠟燭。曾祖母也在場，她穿著傳統的冰島服飾，看著這一切。下一個鏡頭則是孩子們在院子裡圍成一個圓圈跳舞，顯然是在玩「綠色空洞」的遊戲。媽媽和胡爾達奶奶看著影片，指認畫面中保存下來的人影。用十六釐米影片保存一個孩子在一九五六年的生日宴會記錄，實在是很了不起的一件事，因為當時連冰島政府都沒有留下任何影像記錄。

如今到了二〇一八年，經過了六十多年之後，我們坐在同一個廚房；媽媽已經七十多歲，胡爾達奶奶九十四歲，而我最小的女兒才十歲。胡爾達奶奶跟我記憶中的樣子幾乎沒什麼變：她只是不再打高爾夫球，但是記憶仍然絲毫不減當年。幾年前，有個人想要在我面前稱讚她，說她是如何如何的**尖銳**。我有點不高興地問他：**尖銳**？你說的**尖銳**是什麼意思？她向來都是思緒敏捷的人，當然也從來不覺得自己老了。以她的幽默感來說吧。有一次，我誇獎她披的一條藍色圍巾很漂亮，她說：對啊，是個老太太編給我的。我問：老太太？她笑著答道：喔，對啊，她大概小我十歲吧。

電話鈴聲響起，胡爾達奶奶跑去接電話。我們坐下來吃煎餅，聽著收音機裡傳來的低吟。我叫女兒胡爾達．菲莉琵亞做個算術題。

「如果妳的曾祖母出生於一九二四年，那麼她今年幾歲？」

「她九十四歲，」胡爾達立刻回答。

「算得很快嘛，」我說。

「哈，那是因為我知道她幾歲，」她咧嘴笑著說。

「好吧，可是現在妳真的得用加法了。妳什麼時候才會到九十四歲？」
「那就是我出生的那一年，二〇〇八年，再加上九十四。」
「沒錯。」
她拿了紙筆，有點狐疑地看著紙上的數字。她把結果拿給我看，彷彿其中必然有什麼誤會似的。
「這是真的嗎？二一〇二年？」
「是啊，希望妳到時候會跟現在的胡爾達奶奶一樣精力充沛。也許妳甚至還會住在同一棟房子裡；也許妳的十歲小曾孫女會來看妳，在二一〇二年跟妳一起坐在這個廚房裡，就像妳現在坐在這裡一樣。」
「嗯，也許，」胡爾達說著，啜了一口牛奶。
「再算一題。妳的曾孫女要到哪一年才會九十四歲？」
胡爾達在紙上寫了幾個數字，我也幫了一點忙。
「那她是二〇九二年出生的囉？」
「對，沒錯！」
「好吧，二〇九二加上九十四……二一八六！」

胡爾達嘟起小嘴，看著半空中。

「好了吧？」

「再等一下，」我說。「我還有一題。從一九二四到二一八六，總共有多少年？」

胡爾達算了一下。

「是兩百六十二年嗎？」

「想像一下。兩百六十二年。那是妳橫跨串連的時間長度。妳會認識在這段時間裡的人。妳的時間也是妳認識和妳愛的人的時間，是形塑妳的時間；而妳的時間同時也是妳可以認識和愛其他人的時間，是妳可以形塑的時間。妳可以用雙手碰觸到兩百六十二年。妳的祖母教妳，妳又教妳的曾孫女。妳可以直接影響到未來，直到二一八六年。」

「直到二一八六年！」

04 投影片

二〇一五年十二月二日

在電視間裡，阿尼爺爺拉下窗戶的捲簾，在舊燙衣板上架好幻燈片投影機，然後從他的小辦公室裡拿出一盒照片。一排排的照片最前方，有他用手寫的標籤：**壠森賴國家公園**（Lónsöræfi），*1965*；**瓦特納冰川**（Vatnajökull），*1955*；**克韋爾克火山**（Kverkfjöll），*1960*。裡面有雪車、滑雪小屋、滑雪冠軍。

銀幕上出現一張照片，是一個人在鏟雪，雪深至少六公尺；隱約可以看到一架大飛機的機頭和引擎從雪堆裡冒出來。阿尼爺爺對古早以前的每一件事都記得一清二楚，尤其是有照片輔助記憶的時候。

「這張照片是一九五一年在瓦特納冰川的巴達本加火山（Bárdarbunga）拍攝的。我們在那裡要從雪堆裡把一架美軍運輸機挖出來，它原本是來救援另外一架受創飛機『間歇泉號』上的機組員，結果反而困在雪中，無法起飛，就只好留在冰川上。

那年冬天，厚厚的積雪將飛機掩埋，幾位事業心旺盛的本地飛行員跟軍方取得聯繫，以每磅七分錢的價格買下這架飛機，然後就發起一場救援冒險行動。

「那個時候，我們才剛成立 FBSR——雷克雅未克陸空搜救隊，」阿尼爺爺說。「我們找到這架螺旋槳飛機——就像冰川上的一座小山一樣——然後把它挖出來。這個任務太艱鉅了：那玩意兒埋在七公尺高雪堆裡。我們把飛機拖到臨時跑道，結果它一次就發動起來，從那裡飛到了雷克雅未克。這整件事有點像是童話故事，」阿尼爺爺若有所思地說。

「間歇泉號」的殘骸就在附近，他們也設法搶救出一些還在飛機上的物資。

胡爾達奶奶突然插話。

「顧格受洗時穿的衣服，就是用那架飛機裡找到的布料做的，在冰川上放了一整個冬天。」

阿尼爺爺給我看飛機殘骸的照片；我還可以看到鼻輪和飛機的名字。「間歇泉號」迷失方向，結果墜毀在瓦特納冰川之中。大家認定機組員已經罹難，於是中止了搜救行動，還有一段時間舉國哀悼，連追悼儀式都準備好了。在偶然間，一艘海岸防衛隊的船隻沿著朗加半島（Langanes）的海岸航行，攔截到一個求救訊號：

「——泉號」。一開始，沒有人知道是什麼，後來才驚覺原來是「間歇泉號」的後面兩個字。

經過密集搜尋之後，終於找到那架飛機。飛機失事後的一個星期，美軍派遣救援機飛到現場，降落在冰川上，但是卻因為雪橇結凍，黏在冰上而無法起飛。所幸，來自北部大城阿克雷里（Akureyri）的搜救隊及時趕到，協助所有人員步行或搭雪橇離開冰川，其中也包括「間歇泉號」上的六名機組人員。不久之後，就有人以飛機失事的題材，拍成了電影。

相簿裡有用祿萊（Rolleiflex）相機拍攝的舊照片，也有阿尼爺爺從藝術家古德蒙都·艾納森（Gudmundur Einarsson）手中買斷的一批八釐米和十六釐米影片；數以千計的照片與影片，幾乎涵蓋了他的一生。不過他絕少出現在照片中，通常都是隱身在鏡頭後面。我媽媽在照片裡，或者說是我戲稱的「我的媽媽們」——克莉絲汀與葦德倫——當時十一歲的雙胞胎姐妹，穿著連身工作褲，只有在褲子上繡了兩個大大的字母「*KB*」和「*GB*」，藉以區分。

這些都是無價的資源，其中有些影片和圖像絕對稱得上是藝術作品。阿尼爺爺對於美麗的構圖確實是慧眼獨具。他在八十歲那年，自己買了掃瞄器和電腦，大部份的人都認為他是不是腦子壞了，還是被哪個無賴推銷員給騙了，結果，在接下來的那幾年間，他成天關在小辦公室裡，將所有的膠捲全都掃瞄成電子檔案。起初，他還會將照片列印出來，到了九十歲時，就開始將照片直接張貼到臉書上去了。這些材料足以出版好幾本小說、攝影集、紀錄片，有好多故事可以一一講述。

我兒子近來迷上了攝影。阿尼爺爺最近將一九六〇年的老祿萊相機送給他，他竟然還能找到膠捲底片。真的就是他會做的事：就在他的手機安裝了最高端的相機之際，他就找到更昂貴的方式來拍照片。我們在看投影片時，我兒子正在車庫裡尋寶，想要找一台放大機，搬回去在家裡設置暗房。他出現時，手裡拿著一幅積滿塵灰的加框照片，裡面是一台老拖網漁船；照片底下寫著「艾林伯恩・赫西爾」（Arinbjörn Hersir）。阿尼爺爺看了照片，嘆了一口氣。

「啊，這張照片。一切都是從這裡開始的，」他說。「就是從這裡開始。爸爸在那艘船上。」

在照片後面，我們找到一張發黃的《每日新聞》（*Vísir*）剪報，日期是一九三二年三月十日：

> 昨天早上，艾林伯恩・赫西爾號出港捕漁後沒多久，一名船員克雅丹・維格佛森（Kjartan Vigfússon）不慎落水溺斃。沒有人注意到意外是如何發生的。在克雅丹失蹤後，漁船返航，通知警方，然後又再度出海捕魚。克雅丹已婚，現年三十七歲，留有三個孩子。[7]

克雅丹正是阿尼爺爺的父親。這篇報導的口吻平淡無奇，而「又再度出海捕魚」一句話，更顯示即使有人落海，也沒有理由延宕捕漁作業。一九三三年的第一季，有三十四名冰島水手溺斃，還有三艘外國拖網漁船，連同約四十名船員，在海上失蹤。

一九三三年，阿尼爺爺才十一歲。他的父親克雅丹在拖網漁船上擔任鍋爐工，這個工作既危險又辛苦。沒有知道他為什麼落海，又是如何落海的。我問阿尼爺爺還記不記得那一天的情況，他閉起眼睛，找出八十年前的記憶：

「我抄捷徑穿越冰封的雷克雅未克池塘，走到半途，才發現冰層不牢固，腳下的池水開始波動。我拔腿狂奔，每一步都讓冰層龜裂，我最後還是跑過池塘，但是一直跑到奧丁斯街（Ódinsgata），回到家裡才放慢腳步。」

7 原註：*Vísir*, 10 March 1933, p. 2. In *Heimdalli*, 18 April 1933 (p. 1) 507/5000, 有一張當年第一季海事意外傷亡統計表，總計有三十四人死亡；此外，這篇報導還說可能有另外兩艘德國和一艘英國的拖網漁船在冰島附近沉沒，總共約有三十六至四十人。在這三個月間，確定有五十至一百名冰島兒童喪父。以人口比例來說，冰島在那些年因海事意外喪命的人，相當於其他國家在戰爭中死亡的比例。在冰島歷史上，直到二〇一四年，才首次沒有水手殉職。

那時候，才真的開始天崩地裂。有位牧師在家裡等他，跟他說那天早上他父親溺水的消息。

「我跟爸爸不熟，」阿尼爺爺說，「他總是在海上，就算他在岸上，也經常是醉醺醺的。我並不是真的記得他。」

或許這反而救了一家人的性命，因為那時候正是偉大的社會主義理想剛剛實行的前幾年，也還好有海員遺孀基金，讓他們分配到艾斯瓦拉街（Ásvallagata）工人住宅區裡的一間公寓。這批現代化、功能齊備的公寓由年僅二十三歲的建築師古恩勞爾・霍爾多森（Gunnlaugur Halldórsson）設計，他從歐洲將最新的現代主義潮流帶進冰島。這批公寓裡有自來水、廁所、淋浴間和電燈，位置所在的新街坊是由工會領袖海丁・維迪馬森（Hédinn Valdimarsson）策畫興建的，計劃的企圖心相當宏偉，一位年輕的醫生古德蒙都・漢尼森（Gudmundur Hannesson）也參與計劃，並且特別著重光線明亮和空氣品質。一九三三年，社會上的人開始意識到「窮人」跟「富人」一樣有價值，阿尼爺爺也受惠於這樣的轉變。阿尼爺爺經常提起艾斯瓦拉街的工人住宅，也非常感恩他們能夠分配到這間公寓。他常常自問：如果當時他們一家人被拆散會怎麼樣？或是他們必須住在會讓人體弱多病的潮濕地下室，又會是什麼樣的生活？

雖然有了公寓可以棲身，但是阿尼爺爺還是得輟學，去幫屠夫跑腿打零工維持家計，因為他母親健康狀況不佳，最小的妹妹又才剛出生。他在小學的同級生中，有些人一路唸書，後來成了工程師和大學教授。

「我是班上成績最好的學生，」他說。「但是我覺得那些一路唸到大學的人未必比較快樂。」

這當然無從得知。我想他已經盡可能的小心謹慎，過好他這一生，不過當他回想起求學經過時，我仍然可以察覺到一絲的傷感與遺憾。

工人公寓裡也有一間工人圖書館，裡面的藏書讓他在一整天的工作結束之後，可以在晚上自學。他天生好勝心強，曾經參加過第一個贏得冰島錦標賽的手球隊——獵鷹隊（Valur）——當時大家才剛開始打這個新的球賽。他同時也是一九四二年冰島一千五百公尺與五千公尺競賽的全國冠軍；直到二〇一六年，他都還對自己在一九四三年的比賽中因為鼻竇炎失利而耿耿於懷。

他存錢買了一台相機，很快就成了狂熱的業餘攝影師。他將地下室的一個櫥櫃改裝成暗房，此後就經常看到他從梅拉沃勒體育場（Melavöllur Stadium）飛奔回家沖洗相片，以便分辨誰贏了激烈的競賽——也就是現在的「終點攝影」。

投影機發出嗡嗡聲響，然後咔啦一聲，有色塊斑點的一道白光佔據了整個銀幕。阿尼爺爺稍微調整了一下焦距，一排又一排的大理花漸漸清晰，接下來的照片，全都是他跟胡爾達奶奶栽培的大理花。有時候投影片會上下顛倒，有時候會卡在機器裡，還有時候會有兩張投影片重疊在一起。他總是會調整機器，然後一整排、一整排粉紅、嫩黃、鮮紅的大理花，一路盛開下去；接著是山脈、車輛、沙漠、瓦特納冰川無盡的雪堆，還有奧地利萊希滑雪場（Lech）的照片，他們每年都跟朋友去那裡滑雪。

投影片似乎逐漸失去了組織，但是他卻記得照片裡的每一件事。儘管他的短期記憶已經衰退，卻總是能夠講出人名與日期。

「有一天突然就發生了，」他說。「像是腦子裡裂了一條縫，好像有人朝我的頭部開了一槍，突然間，我就什麼細節都記不得了。」他一邊說，還一邊笑，真是本性難改。不禁讓人想到：大腦要承受多少創傷，才會讓人改變。

不過這幾年他還是變了。他年輕時爭強好勝，讓我們擔心他會變成一個固執的老頭，結果他反而愈老愈溫柔，柔的像是一片鴨絨，每次稱讚胡爾達奶奶時，總是滿懷感恩，幾乎快到深情款款的地步。

十一月，我們為他慶祝九十三歲生日時，他說：「發生什麼事？今天是復活節嗎？」隔天，他完全不記得有個派對。我跟他說，他剛過了生日，他笑著說：「真好玩！我現在幾歲啦？」我跟他說，一百一十二歲。「不對，」他不相信，「不可能。」然後我跟告訴他正確的數字，他還是覺得太多歲了。

有一次，他去醫院看病，我跟他一起進電梯；他看著鏡子裡的自己，意外地問道：「這是誰？」「就是你啊，阿尼爺爺，」我說。「不對，我的頭髮是紅色的。」「已經不是了，阿尼爺爺。」「呃，」他有點困惑地說，「有人曾經叫我胡蘿蔔頭。」然後他微微一笑，又說：「不過他們就只叫了那麼一次。」說完，他朝我舉起握緊的拳頭，笑了起來。

他不記得最近發生的事，不過卻還記得有人曾經勸進我選總統。「我覺得你還太年輕了點，」他說。「如果你到了五十歲，就**已經**當過總統了，那該怎麼辦？你還要做什麼？」我不知道記憶是如何運作的。他不記得自己幾歲，也不記得自己的頭髮已經不再是紅色的，但是卻記得我的年紀，而且還能算出我在當了兩任總統之後會是幾歲。

投射在窗戶捲簾上的投影片不曾停過。現在的排列順序比較有邏輯了，有去高地的旅行，也有在塞拉斯的那間白色大房子，是曾祖父菲利帕斯在我祖母一家人於戰時搬到阿爾貝爾區（Árbær）時蓋的，那時候附近還沒有那麼多住宅區。接下來的照片：胡爾達奶奶的兄弟姐妹。

「我弟弟索爾哈魯出生時，我好失望，」胡爾達奶奶說。「我緊閉著眼睛禱告：『親愛的上帝啊，請祢拿走他的小雞雞！』」她笑著用力拍打大腿。「可是後來都還好啊。接著，我妹妹索拉出生了。」

「總共有五個兄弟姐妹，對吧？」

「五個活下來的。媽媽失去了兩個孩子，」胡爾達奶奶解釋道。「有兩個只活了很短的時間。比我大的瓦魯，還有辜德倫。他們出生時都很小，只活了二十四個小時。我們花了好大的功夫才找到牧師替他們受洗，因為沒有受洗就進不了天堂。他們就這樣夭折了，我們始終不知道出了什麼問題。然後就生了索爾哈魯，他跟其他手足一樣脆弱，不過這一次請了醫生來看，他就活下來了。我常常在想，如果當時是找醫生而不是牧師的話，不知道辜德倫和瓦魯會怎麼樣。」

我想到祖母和她的手足所衍生出來的王朝，想像瓦魯也是住在阿爾貝爾區一間大房子裡的曾祖父，膝下有六十個兒孫，想像有一本以他虛構人生為藍圖的歷史小說，一個橫跨四代的故事，從草皮房和零星的幾間破木屋開始說起。故事圍繞著塞拉斯三號那間有紅屋頂的白色大房子展開，我懷疑曾祖父在設計這間屋子時，曾經去探勘過總統官邸，因為二者幾乎一樣大，也是類似的形狀。一家人在一九四四年搬進去，也就是冰島獨立的那一年，那個時候，阿爾貝爾區被視為荒郊野外的鄉下，隨著時間過去，現在那一區全都蓋滿了房子，也全都與他們的房子呈直角。這本書可能會像是《惡魔島》或是阿爾貝爾區的《百年孤寂》。

「我從來不穿鞋，」胡爾達奶奶說。「媽媽堅持要我在星期天穿鞋，其他時間就沿著艾里達河岸走路，跟隱匿族說話。有一次，我跟一隻金斑鴴鳥交上朋友。有一年春天，我發現她坐在鳥巢裡。我用了無盡的耐性，每天接近她一點點，直到最後可以摸到她。

「我們從艾里達河裡取水，也在河裡洗衣服。洗衣桶有活底板，有時候會有鱒魚溜進來，」她微笑著說。「我們也會被派去阿爾貝爾區的草皮房，跟一位老農婦克莉絲雅娜買牛奶。現在的布利德赫特（Breidholt）那邊都蓋滿房子，以前那裡就只是一片草原。」

她跟我說，她曾經看到隱匿族人從布利德赫特山坡下的一個懸崖底走出來。「他拿衣服出來晾。我叫家人來，他們全都跑出來，也看到他，可是他就在我們眼前消失了。我們跑到懸崖那裡，看到底下的草被壓扁了，可是什麼人都沒看到。」

阿尼爺爺拿起一本相簿，裡面有胡爾達奶奶年輕時的照片；她才十三歲，推著一輛腳踏車。

「這張照片是在一九三九年夏天拍的，我騎車去斯蒂基斯霍爾米（Stykkishólmur）看我奶奶。那是我這輩子經歷過的最熱的一個夏天。」

「你從阿爾貝爾騎到那裡？」我兒子不敢置信地問。

「沒有，其實是從博爾加內斯（Borgarnes）騎過去的，我們搭船到那裡。一路上，我們睡在穀倉，從沼澤池水中舀水來喝。」

這段路少說有一百五十公里，一路都是泥地。胡爾達奶奶是我們家的英雄，我們小時候經常跟朋友吹噓說：「我祖母比你爸爸還要強壯。」她在一九四五年參加考試，成為第一位取得飛機執照，可以駕駛滑翔機的冰島女性。

「那是滑翔教練機（Schulgleiter），」她說，「後來我還飛過格魯瑙寶貝（Grunau Baby）。」

她拿一張飛行證書給我看，還有一張照片，是她坐在某個用木棍搭起來、有翅膀的東西上拍攝的照片，那玩意兒看起來像極了萊特兄弟在早年飛行時的「飛行者號」（*Flyer*）。

「駕駛滑翔機跟其他事情完全不一樣。它沒有引擎，你是被拉上天空，然後安安靜靜地飄浮在空中，像鳥一樣。」

「妳會怕嗎？」我問她。

「你知道嗎？說來很奇怪，我從來不曾害怕過，」她說。「可惜那個時候還沒有跳傘，否則我也想嘗試一下。」

我奶奶的兄弟從小到大都夢想著要飛行。一九三〇年，他們爬到斯科拉瓦多賀山（Skólavörduholt）的山頂，去看齊伯林伯爵號飛船（*Graf Zeppelin*）飛越雷克雅未克；一九三三年，他們又看到義大利空軍元帥伊塔洛・巴爾博（Italo Balbo）率領他的飛行中隊降落在雷克雅未克灣，總共有二十四架飛機，看得他們目瞪口呆；那個年代最出名的飛行員查爾斯・林白（Charles Lindbergh）也同一年夏天抵達。這些飛行英雄全都受到軍樂隊熱烈歡迎的禮遇，還受邀與首相共進午餐。

我奶奶的弟弟海吉在戰前就去德國學開飛機，結果卻發現自己是色盲，只好黯然返國。當時他大受打擊，不過或許也因禍得福，救了海吉一命，至少也拯救了他的良知，因為他若是留下來，勢必會加入納粹德國空軍。曾祖父帶孩子們去看醫生，當醫生宣佈他們全部都是色盲時，幾個兄弟的飛行夢碎。

一九四七年三月，當沉睡了幾百年的海克拉火山（Hekla）甦醒時，胡爾達奶奶打電話給一位擁有一架兩人座小飛機的朋友說，如果去看火山爆發，不是會很好玩嗎？於是他將飛機降落在胡爾達奶奶家附近的冰湖上，她跑去跟他會合，兩人一起飛到冒著熊熊烈焰的火山，繞著火山口飛，噴發的火山灰還落在機翼上。咆哮的火山讓他們聽不見飛機引擎的聲音，更別說是要聊天了。

「真的很可怕，」胡爾達奶奶說，「發亮的火山岩像下雨一樣從天而降，有些石頭跟桌子一樣大。」她誇張地比畫著，笑了起來。「我們降落在離海克拉火山不遠的艾索斯塔第爾（Ásólfsstadir）農場旁的草原，要去農場喝杯茶，但是根本沒有人在家，所有的人都跑光了。」

一九四七年三月，我的兩個媽媽還只是六個月大的雙胞胎。

「妳那時候在想什麼？放著六個月大的雙胞胎女兒在家，駕著小飛機，繞著火山飛行？你媽媽會怎麼想？」

「爸爸一直很鼓勵我，」胡爾達奶奶說。「他從我的冒險中也得到很多樂趣。我認識那位飛行員，更重要的是，我們家裡的每一個人都熱愛飛行。如果你一天到晚擔心會發生什麼事，就什麼事都做不成了。」

「伯恩爺爺在哪裡呢？」

她搖搖頭。

「他總是全國到處跑來跑去，履行醫生的職責。他很少出現，後來又到美國去學外科，我等了他六年。其實我什麼也沒有做，」胡爾達奶奶說。「連電影都很少去看。然後他到冰島來，還帶了一輛車回來。我那時候好傻，一頭鑽進車內，還試開了一會兒，因為我以為那是我們的車。其實，他只是進口那輛車來賣，藉此籌措學費。」

她還試穿了結婚禮服，等著伯恩回到冰島。她的父親菲利帕斯則比較實際，在她試穿禮服的時候，他坐在客廳，計算伯恩爺爺還欠他們多少的孩子撫養費。結果

1013

他猜對了。伯恩回來結束他們這段關係。

「我備受打擊，在雷克雅未克繞著池塘走，感到身心交瘁。」

「你會想要成為在美國的某位醫師娘嗎？」

阿尼爺爺一聽到自己的名字，就回過神來。最近，他開始重覆自己說過的話，但是重覆的字詞大多都是表達無盡的感情。

「你知道我能擁有你奶奶是多麼幸運嗎？她是稀世珍寶。如果沒有她，我真不知道自己會怎麼樣呢？」

「你們在哪裡認識的？」我問。

「我們是在登山社，透過從米達勒（Middalur）來的古德蒙都認識的。我們都是康樂委員會的成員，那時候要在維拉德地熱谷（Hveradalir）的滑雪小屋舉辦每年一度的聚會，於是我邀請她一起去冰川探險，因為我們在冰川世界（Jökulheimar）搭建研究基地時，需要有人替我們準備食物。雷克雅未克滑雪協會裡一位要人聽說這件事，大驚失色地問：『你瘋了嗎？打算帶個女人跟你一起去冰川？』可是我一點也不猶豫。」

胡爾達奶奶接下去說：「我認識阿尼時，才剛加入冰島冰川研究學會（Icelandic

Glaciological Society）。我纏著他要他帶我去瓦特納冰川；我曾經兩度爬上斯奈菲爾冰川（Snæfellsjökull），所以應該不會比那個更難。」

探險隊在一九五五年五月出發。冰川世界小木屋裡的留言簿裡記載著：

> 這座木屋名叫冰川世界，隸屬於冰島冰川研究協會。
>
> 我們一行人——簽名於後——從一九五五年五月三十日至六月十五日，自願參與興建工作，但是在六月五日至十二日那一周，跟古德蒙都・喬納森一起去瓦特納冰川滑雪。這一路天氣都算不錯，我們在通納河床（Tungnaárbotnar）這裡和瓦特納冰川都感到很愜意。
>
> 一九五五年六月十五日，於冰川世界
>
> 胡爾達・菲利帕斯多地爾，阿尼・賈塔森，豪庫爾・海夫里達森，阿尼・艾德溫，史丹納・奧都斯多地爾，西格伯恩・班尼狄克森，史蒂芬・喬納森

阿尼爺爺拿木屋的照片給我看，說：「我們在那趟旅程中決定，隔年要展開更大規模的探險，當做是我們的蜜月旅行。我姊姊大驚失色說：『你要娶一個有兩個女兒的女人？』不過那是我這輩子最好的選擇。」

阿尼爺爺穿著一件藍色的格子襯衫，雙手依然強壯而粗糙，身上的燈芯絨褲也因為長年的園藝工作磨損。他的雙腿已經不良於行，我將他視為寶貴的瓷瓶，一個搖搖欲墜的古董，搖得讓我以為就要倒了，可是他自己又扶正。

銀幕上依然不斷地出現照片，不過現在大部份是滑雪的照片。阿尼爺爺在藍山上德勞瑪谷（Draumadalur）的木屋前，跟沉重的木材搏鬥。因為這個山谷的名字——在冰島文中，是夢幻谷的意思——他們將這間木屋稱之「天堂」。還有更多在山間小屋的照片，年輕人唱歌、跳舞，還有在第一間木屋焚毀後重建的「天堂王國二世」裡拍的照片。

「天堂這個名字有時候會造成誤解，」胡爾達奶奶微微笑著說，「有一次，我們跟我朋友瑪嘉一起搭公車，她兒子問道：『爸爸到哪裡去了？』她說：『跟阿尼在天堂。』他又問：『什麼時候會回來？』她說：『星期一。』這時候，一位站在旁邊的牧師用手肘推了她一下，用熱心又充滿同情的口吻說：『這位太太，妳得跟孩子說實話才行。』」

阿尼爺爺的收藏品中還有冰島開始定期研究冰河頭幾年的文件，陸空搜救隊第一次演習的影片，頭幾年在阿爾貝爾郊區滑冰、滑雪的記錄等等。

「天堂小屋真的很神奇，我們在那裡度過很多美妙的時光。大家經常在周末，還有整個復活節假期來玩；有一次，總共有七十個人住在那個閣樓裡，」阿尼爺爺說。「我想，我也算不清在那段時間裡，有多少對夫妻是在那裡結緣的。」

他們算是在山裡「玩」的第一代。當時，滑雪設備還很原始，他們得冒著風雪走好幾哩路才能到達小屋。沒有滑雪纜車、沒有電力、沒有履帶式雪地車、沒有法蘭絨毛衣、沒有Gore-Tex，也沒有雪車或吉普車將人載到他們想要去的地方，但是曾經在那段時間到小屋去玩過的每一個人，談起這段往事，都說那是最快樂的一件事。

現在回想起來，那一代人所面對的每一件事，幾乎都像是要從頭開始創造、建立。他們必須創建冰島共和國、設立社會組織、劇院和弦樂團、搜救隊與社團；必須建造房屋、建立現代的基礎建設、在一無所有的草原上創建雷克雅未克。現在，我跟祖父母一起坐在這裡，胸中湧現一股莫名的內疚。當我聽著他們的故事、看著他們的照片，我不知道自己是為了故事本身想要保存他們的故事，抑或是為了減少無可避免的損失，才想要保存祖父母和他們的生命。

阿尼爺爺是在第一次世界大戰結束的四年後，出生在海拉德貝爾。我想到他所經歷過的事，想到在一個人的一生中，世界的變化有多大；我想到所有發生過的戰爭、所有的進步，藝術與科學上的所有革命；也想到一百年後的未來，想要評估與理解科學家對於人類未來的預測。

有張投影片卡住了，銀幕上只剩下一大片亮光。阿尼爺爺走到投影機旁。在他走進那一大片亮光之前，我還有好多事情想要問他呢。

05 上帝之廣袤無垠中的萬物俱寂

阿尼爺爺辦公室裡的柚木書架上，堆滿了花的選集、赫內多爾．拉克斯內斯[8]的著作，還有全套的《冰川》雜誌（*Jökull*）——冰島冰川研究學會出版的期刊。書架上還有我最喜歡的一本書，班尼迪克特．格隆達爾[9]的一本關於鳥類的大部頭書。有一天，我發現書架上有一本美麗的藍皮書：赫爾吉．瓦爾帝森（Helgi Valtýsson）在一九四五年出版的《馴鹿之鄉》（*In Reindeer Country*），內容是他跟攝影師愛德華．席谷格爾森（Edvard Sigurgeirsson）在一九三九年、一九四三年，以及冰島獨立的一九四四年，三度前往瓦特納冰川北部高地的過程。他們的探險隊追尋冰島最後一個馴鹿族群的行蹤，這群馴鹿是一七九七年第一隻被帶進冰島的馴鹿後裔。馴鹿曾經遍布全國各地，從最遠的北端到最南的雷克雅內斯半島（Reykjanes Peninsula），但是後來近乎絕跡。最後一個倖存的族群生活在布魯阿爾冰川（Brúarárjökull）下的一個神祕山谷，牠們在一個叫做克林吉沙拉尼（Kringilsárrani）的地方生養小鹿。

---

8 譯註：Halldór Laxness（1902-1998），冰島小說家，獲得一九五五年諾貝爾文學獎。

9 譯註：Benedikt Gröndal（1826-1907），冰島自然主義者，也是詩人、作家、插圖畫家。

赫爾吉是一位浪漫派、進步派的詩人，不知道為什麼，當我在寫自己那本《夢土：驚嚇國度的自助手冊》（*Dreamland: A Self-Help Manual to a Frightened Nation*）時，竟然沒有注意到他這本關於馴鹿的書，因為我在書中捍衛的冰島高地，正是他書裡所描寫的那個地區。我一翻開《馴鹿之鄉》，就立刻被書中的手繪照片和旅遊記述所吸引；但是書中文字絕對不是一般登山旅行的日常流水帳，反而不時有華麗的詞藻傾瀉而出，與其說是旅遊敘事，還不如說是巴洛克式的詩篇：

> 荒漠的高地是一片廣袤的胸懷，擁抱著群山青翠。高地的靜穆令人為之肅然，傾聽得……出神入迷，彷彿聽到自己靈魂的呼吸，那種早已遺忘多年的本質。你在此地，才第一次感受到靈魂的浩瀚廣不可測；站著不動，感受對自我靈魂的神聖有一種說不出來的崇敬，那種深沉的靜默讓人驚心動魄。迢遙悠遠、群山青翠、大冰川的冰帽、靜默的沉重低語——這一切全都映照、迴響在你靈魂的穹頂之下，天地之間的蒼穹，正是靈魂寬廣的地界。回音宛如震顫的鐘聲，在上帝之廣袤無垠、孕育萬物的靜寂之間繚繞迴盪，令人感動欲泣，與天地合而為一。

我大聲朗讀，唸到「在上帝之廣袤無垠、孕育萬物的靜寂之間繚繞迴盪，令人感動欲泣」之後，停頓沉吟良久。我讀過許多莊嚴的自然詩，卻從未見過如此崇高的文字。這個片段並非單獨的例子：這整本書不只是一份旅遊　事，而是一篇宏偉的宣示，對大自然的愛的告白。赫爾吉寫了一首讚美詩，頌揚冰島東部和瓦特納冰川北部的荒野，特別是克林吉沙拉尼，那個地方在冰島是獨一無二的，而且確實是在偏遠的荒野。克林吉沙拉尼曾經是類似島嶼的楔形地，面積有五十平方公里，高出海平面六百公尺，地表覆蓋著植被；一邊是布魯阿爾冰川，另外兩邊則是兩條未經探測、幾乎無法通行的冰川河流，形成一個三角形，將其團團圍住。上面有冰川峰和所謂的冰磧層——也就是冰川在一八九〇年向前推擠時遺留下來的肥沃土堆，幾乎就像是冰川捲起了表土植被，然後放在前面，再如同鋪地毯似的攤開來。有些土堆可以高達十公尺，在現代地質學上，可說是無與倫比。只有在瑞典的斯瓦爾巴（Svalbard），可以看到這種前面有隆起土堆的冰川地形。

赫爾吉與愛德華來到這個幾乎杳無人跡的廣袤荒野，愛德華拍攝照片和影片，赫爾吉則記錄他們的旅程，寫下他在面對壯麗山景時的內在反思。當赫爾吉離開此地時，他的心中充滿了遺憾：

我的同胞跟克林吉沙拉尼和瓦特納冰川道別後，或許好一陣子會再見，但是我卻可能再也見不到了。想到這裡，特別勾起我心裡一股苦澀的失落感和神祕的渴望。〔……〕只要你睜開全身心靈的眼睛，看過此地的風景，就再也不會忘記這裡黃昏的藍、協調的色彩與地形輪廓。不受打擾的平和、荒野的沉靜，都超過世俗的體會，昇華成一種更高的智慧——如細流湧泉灌溉我們像是蒙塵罩霧的心智與靈魂。

赫爾吉．瓦爾帝森出生於一八七七年，成年時正好遭遇第一次冰島獨立運動的精神在這些水域餘波盪漾。赫爾吉形容他在克林吉沙拉尼的時間是一種精神啟蒙。他將文字寫入百餘年的傳統，在這樣的傳統中，真正的男子氣慨是要會寫詩頌讚鴴鳥、杓鷸與山中湖泊，要會對著夏日、山巒、開遍野花的山坡與希望本身唱情歌；儘管他經歷過另外一種更嚴酷的社會現實——嬰兒夭折、貧窮、疾病——他仍然追求這樣的傳統。不過這種浪漫的生命觀向來以其溫和高貴聞名；在冰島文學中很難找到更好例子，更純潔無瑕地崇敬禮讚大自然。我們可以說，在赫爾吉．瓦爾帝森寫這本書的那一刻，浪漫主義的哲學找到了最完美的化身。赫爾吉以流傳百年的浪漫主義詞彙，以氾流的巴洛克隱喻，捕捉到高地的神韻。

從一九三九年八月底到九月初，赫爾吉與愛德華第一次去克林吉沙拉尼，停留了兩個星期，完全與外界隔絕。等到他們回來時，德國已經入侵波蘭，正式改變了赫爾吉與愛德華所信奉的世界觀。這本書在一九四五年出版，正是第一顆原子彈爆炸的那一年，也是冰島文學出現現代「原子詩」的那一年。整個世界失去了原有的純真，悲慘的戰爭讓很多人質疑祂——那個所謂的上帝——跑到哪裡去了。那些大言不慚地信仰人類與全能上帝和諧之美的書籍，都再也賣不出去；於是詩人開始寫晦澀難懂的現代主義詩篇。史坦因．史丹納[10]寫〈時間與水〉，其他的詩人則寫死亡之後什麼都沒有發生的「空無」。霍朵拉．碧昂森（Halldóra B. Björnsson）則寫道：

在大地的冰冷黑暗中，我們的旅程結束了
再也不知道旅程發生了什麼。

10 譯註：Steinn Steinarr（1908-1958），冰島重要詩人之一，同時寫現代詩與傳統詩。

歐洲遭到戰火焚毀，但是戰爭改變了世界，讓無數的工業崛起。航空工業徹底改頭換面，金屬製造業也是；核能工業問世，大量生產擴張，其產能顯而易見。為了因應製造炸彈和飛機的需求，全球鋁業在短短幾年內，成長了十倍。美國政府要求美國鋁業公司（Alcoa）在三年內新建二十座工廠，還優先給予融資與原料，以加速生產。

然而，到了戰後，生產速度並沒有減緩；隨著拋棄式消費經濟的誕生，鋁業為他們的產品找到了新的出路。有創新精神的設計師開發出各式商品，如碗盤、餐具、食品包裝、鋁箔和其他有價值的東西，讓消費者用過一次即丟；他們採用高耗能的鋁罐來裝飲料，讓消費者喝完即丟，而不像玻璃瓶可以清洗回收。這樣的思考模式與前一個世代那種惜物敬物的價值觀背道而馳；那一代的人什麼都不丟，飯菜要吃乾淨，東西壞了要修理，什麼都可以使用。

包裝產業與消費社會結合，創造了對原物料永無止境的需求，其結果就是入侵全球各地尚未開發的領域，速度雖然緩慢，但是卻一定會發生。二〇〇二年，消費機器的觸角伸入地球最北端的角落：決定讓克林吉沙拉尼沈入規劃中的克林吉沙拉尼水壩後方五十平方公里的蓄水庫底下。為什麼呢？就是為了替位在雷達爾峽灣

（Reydarfjördur）的美國鋁業公司煉鋁廠提供政府補助的電力。這個工廠生產的鋁，有一部份被美國人扔進了垃圾堆；光是鋁罐，每年就製造出相當於美國商用航空機隊四倍體積的鋁垃圾。如果美國的鋁罐可以回收再利用，就可以減少三到四座這樣的工廠。

二〇〇六年秋天，當卡拉努卡爾水壩（Kárahnjúkar Dam）大功告成，赫爾吉書中描述的「上帝之廣袤無垠的萬物俱寂」及其整個周遭環境，終於全都沒入兩百公尺深的冰川泥水底下。但是那個地方並沒有永久淹沒，因為水位高低起伏，總會有幾平方公里稍有淤泥的美麗水岸浮出來。每年春天，這塊沒有生命的土地就會出現，像幽魂一樣的蒼白。如今這個世代的地球子民，每年都名符其實地將數以千計的珍寶丟進垃圾堆，克林吉沙拉尼只是其中之一而已。

06 作家障礙

我在克林吉沙拉尼保護區還在的時候去了一趟，親身體驗赫爾吉筆下那個神奇的世界。沿著冰川河（Jökulsá）的河床，穿越這座動物出沒的山谷；看到大雁在峽谷兩側的玄武岩柱頂築巢；站在火紅熔岩的岩床上，看著滔滔不絕的冰河從勞達福祿德瀑布（Raudaflúd）泉湧而出——那真是無與倫比的經驗。看著河水從狹窄的岩縫破石而出，幾乎是完全融入足以將石頭沖上山壁的怒濤湍流，像是某種無法失控的爆發，某種沒有形態的失序，是多麼的令人神迷啊。一隻獵鷹在我頭頂的高處盤旋。我看到一塊孤立的岩石危危顫顫地立在脆弱的基石上，外形似人，像是巨魔，又像是黑武士的頭顱。這塊岩石已經成為這個區域的象徵，覺得與這個區域的其他岩石都不一樣。雖然我懷著和平的意念而來，卻覺得它對我的出現深感不悅。

我不敢用赫爾吉的口吻說出我內心的感受，也不敢模仿他的風格寫下這樣的文字：「在托弗拉瀑布（Töfrafoss），我的靈魂猶如豎琴的琴弦，跟著造物主輕彈著克林吉沙貝斯的低音，微微顫動……」我若是在《夢土》一書中使用這樣的語言，可能早就被一筆勾銷；我可能會被視為某種當代的、新世紀的、都會新潮的無厘頭之始祖，也可能會因為這個舉世無雙的地區遭到無情的蹂躪毀滅而讓自己陷入無盡的憂傷，但是我反而選擇可以吸引讀者的溫和文字，使用自由、創新、功利且符合市場主流的語言。我在書中討論這個地區對冰島形象的重要性、潛在的觀光收益、研究價值，以及高地如何能夠成為拍攝電影和廣告的熱門地點，進而成為吸引外滙的磁鐵。電影創造一種經驗，但是地景的圖象無論如何都無法取代親自造訪當地。我們生活在一個用金錢衡量現實的時代，因此我不能說我們可能在這裡找到上帝之萬物俱寂，以此來主張自然存在的權利及其根本價值。

在他們的腦子裡，冰島高地的爭議是一個邏輯的論辯。這個地區杳無人煙的特質非但不能證明它的價值與重要性，這樣的事實對這個地區不利；結果，這樣的論述被視為「不得人心」。於是，最後提出來的論點是：自然需要夠高的「評等」，讓人可能觀賞或利用，可以蓋飯店、加油站或漢堡店，可以吸引觀光巴士和導覽。總之，無論如何，你必須能夠**利用**自然才行，哪怕只是充當汽車廣告的背景。萬物都要有明確的目的，沒有任何例外；所有一切都要能夠量化，無論是不是以公制單位來符合現實。定義現實和討論自然價值的力量，都屬於經濟的範疇。

政客看不上這個區域，說它沒什麼特別的。「擁有」這片土地的農民在報紙上大肆宣揚，說這個地區真的沒有什麼特別了不起的，還說主要都是一些都市人對這個情況失心瘋：「老實說，如果我不必每年跋涉到深谷去趕羊，我會高興的不得了。」

有一群人主張這個地區具備設立國家公園的絕佳條件，我也是其中之一，但是我卻常常被視為第一次接觸自然的都市鄉巴佬的典型範例。同樣的，攝影師也遭到指控，說他們別有用心，所以利用修圖軟體誇大了自然之美。

早在其他利益糾葛介入這個故事之前，赫爾吉．瓦爾帝森就已經來到克林吉沙拉尼；他的書是這個地區唯一的獨立環境影響評估報告。他只是一個在自然面前衡量自己的凡人，當然也絕對沒有想到人類的破壞力量會這麼快就延伸到這個遙遠的荒地。「在我死後，我的靈魂會長留在斯奈菲爾山，」他說，然後就是情感的大爆發：「斯奈菲爾之神啊，永恆的荒野精神！你承諾賜我這片土地，讓我愛上它，用全身心靈的力量服侍它，讓它成為我的渴求與祝福，我的哀傷與喜悅。」

我說鄉村很美，就被人說是誇大其辭。我去克林吉沙拉尼的時候，手上那本童話書《光陰之盒》（*The Casket of Time*）才寫到一半；在那裡走了幾天之後，就發現跟那裡快要溢出來的燦爛輝煌相比，我的想法簡直平庸到一文不值。我低頭看著腳下的重型機具，看著卡車與挖掘機立起一百九十公尺高的水壩，橫跨整座哈夫拉瓦馬峽谷（Hafrahvammagljúfur）——像死星要塞一樣的陰鬱黑暗。五十平方公里的美景就這樣淹沒在死氣沈沈又陰鬱灰黯的人造水庫底下，想到這裡，讓我不寒而慄。這個經驗像是某種作家障礙，阻塞了大腦的左右兩邊，不讓任何思緒進入腦子裡。冰島能源公司有個龐大的計劃，要徹底摧毀冰島高地上許多最寶貴的珍珠。他們打算將喬薩維爾濕地（Thjórsárver）——全世界最大的粉腳雁築巢棲地——沈入像曼哈頓一樣大的水庫底下。托爾法冰川（Torfajökull）的地熱地帶也岌岌可危：斯喬爾凡達河（Skjálfandafljót）的阿德雷雅瀑布（Aldeyjarfoss），斯卡加峽灣的白色冰川河流，幾乎冰島高地上所有絕美、神聖的一切，都面臨被炸毀或是淹沒，沈入水庫之中的危機，都只是為了出售廉價的能源給跨國公司。

在最慘的工業革命中逃過一劫的冰島，卻在二十一世紀初的前幾年，不顧一切地重蹈全世界在二十世紀的覆轍。我認識的許多人都再也寫不出或是想不到任何其他事情，你可以目睹強烈的激進主義讓這些人一個接著一個地燈枯油盡。直到我看到赫爾吉的書，才了解到我與同儕是如何無可避免地陷入主流論述。他的文字不受經濟語言的限制，不將教育視為**投資**，也不將自然視為只是尚未開發的**資源**。自然可能是更崇高、更高尚、超越凡人定義，乃至於「神聖」的東西——這樣的可能性，在我們這個時代，不算是令人信服的論點。赫爾吉是自由自在的，他不需要討論觀光、就業和出口獲利；他可以自由地書寫他對美景、自然與崇高莊嚴的感受。

當我親自來到此地，在轟隆作響的托弗拉瀑布旁那片長滿巖高蘭的草地停留了一整天之後回到營地，一輪滿月從斯奈菲爾山頭露臉，這才體會到赫爾吉所形容的：

> 寧靜的夜裡充滿了平和、新鮮與純淨，完全不受干擾。雖然切斷了所有與外在世界的實質聯繫，靈魂卻發現孤獨中有滿溢的安詳，夜的萬物俱寂。不需要文字的全知全能。歲月與永恆從她身上流逝，就像溫柔的低語，感到一種無法想像的甜蜜喜悅。
>
> 在荒野的一片靜寂中，才能充分體會我們的生命是多麼光榮又精彩的冒險，一份上帝賜與的禮物，我們絕少有機會去徹底了解或是給予應有的關注。

書中講了很多關於這個地區的事，對赫爾吉來說，這裡是崇高情感與靈感的泉源；而對冰島人來說，則是對立、惡意與糾紛的縮影。那些追隨赫爾吉的精神，在這片荒野中感悟到覺醒的人，全都被貼上環境極端份子的標籤。

阿斯基亞火山（Askja）在一八七五年爆發，造成了相當大的損失；兩年後，赫爾吉．瓦爾帝森在冰島東部出生。在他成長的年代，在冰島仍有人餓死，還有兩成的冰島人離鄉背井，到美國和加拿大尋找機會。一九一八年，冰島發生大嚴冬時，他才剛滿四十歲；那一年，冰島有將近五百人死於西班牙流感。到了一九三九年，赫爾吉應該已經七十幾歲。七十年後，冰島已然是一個物質富裕的國度，是世界上每人平均擁有最多汽車、最多電視、最多飛機、最多拖網漁船的國家，人均鋁產量更讓其他國家瞠乎其後。也正是在那個時候，克林吉沙拉尼保護區失去了庇護，遭到淹沒。當勞達福祿德瀑布的野溪急流沒入水中時，攝影師雷格納．艾克索森（Ragnar Axelsson）打電話給我，跟我說史塔拉吉爾峽谷（Studlagátt）可能在那一周內淪陷。我一時哽咽語塞，彷彿他跟我說了一個朋友的死訊。

在冰島仍處於困頓、饑餓的時代，赫爾吉何以能夠感受到那種對自然的崇高情感呢？在赫爾吉年輕時，浪漫詩是最流行的藝術型式；那一代忍饑受餓的詩人，在詩中以藝術手法歌詠花鳥，讓冰島從十九世紀中葉以來，有半數的鳥類物種遭到獵捕或是吃掉。根據馬斯洛（Maslow）的需求層次理論，滿足了基本需求的人應該比浪漫時期的那些窮苦詩人更有機會感受到自然的崇高莊嚴才對。我們生產的能量已經超過全國所需的三倍以上，我們的生活衣食無虞，儲藏室裡還堆滿了東西，為什麼我們這個世代無法像赫爾吉一樣自由地說話，反而被經濟詞彙與理性主義論述摀住了嘴而無法發聲？我們不是應該有能力可以回顧過去的足跡，感受到更大的歷史脈絡？這就好像那些在上位掌權的人，為了因應每一種可能的結果，做足了準備，設計好這一切，確保人民永遠沒有安全感，始終都感到饑餓、害怕，永遠都願意多犧牲一座峽谷、一組瀑布。

這又引起了另外一個完全不同的問題。沉沒的山谷約有五十平方公里。當我們將全球納入考量，何以未能引起強度超過一千倍的反應呢？根據科學家對全球溫度上升的預測，因為冰川融化和海洋膨脹的影響，海平面會在本世紀上升三十公分到一公尺。若是全冰島的冰川融化，會導致海平面上升超過一公分；如果格陵蘭和南極的冰層開始融化，我們可以預期海平面上升幾十公尺。就算我們保守估計，預期本世紀只會上升零點七四公尺，也會有大約四十萬平方公里的土地沉入海裡，那是冰島的四倍大，也比德國還要更大。城市、海岸線、港口、潮汐帶都會受到威脅；其中包括文明古城、世界遺址、工廠、避暑勝地、農場、耕地、自然保護區與河口海灣，大約有一億一千五百萬人居住在這些地區。

這還只是海平面上升的後果，還沒有想到溫度上升、沙漠化、乾旱、森林大火、地面水位降低、永久凍土融解或海洋酸化的影響呢。

我隱隱然感到不安，這些文字集結成一個我無法直接理解的黑洞，因為數量之大吞沒了箇中意義。

赫爾吉在一個小地方找到了上帝之廣袤無垠中的萬物俱寂，我們要用什麼文字來形容我們共同呼吸的空氣，形容人類改變空氣成分的方式？當人們擔心海洋的未來，擔心生態系統時，又該用什麼文字呢？如果雨林真的是地球之肺，我們又應該用什麼文字來說它呢？

我們應該從科學、情感、統計數字或是宗教尋找合適的詞彙來討論地球嗎？我們會投入多少個人的情緒與感傷？可能使用誇大的情感表達、冷冰冰的經濟術語、軍事隱喻或複雜的哲學嗎？左翼？右翼？美麗？醜陋？經濟成長？地球是未充分利用的原料、無窮盡的神聖嗎？未受到破壞的區域一定要簡化成圖表，來說明自然的經濟與社會價值嗎？

二〇一八年十月，聯合國政府間氣候變遷專門委員會（United Nations Intergovernmental Panel on Climate Change）發布了《全球暖化攝氏1.5度特別報告》（*Special Report: Global Warming of 1.5° Celsius*），其中提出了某種「最後警告」；同一個星期，網際網路上充斥著各式各種雞毛蒜皮的小事，全都是容易理解而且容易引起熱烈討論的話題。在冰島，我們激辯著一幅懸掛在雷克雅未克市長辦公室的班克斯（Banksy）複製畫究竟算不算藝術。

這份沒有引起太多關注的特別報告討論了全世界所有的海洋、整體溫度、所有國家、人類百年後的未來，以及要減災避難必須採取的措施。報告中鉅細靡遺地形容這是數百萬年來比任何時候都要更劇烈的氣候變化，說明了這對生活在數百萬平方公里上數十億人口可能造成的巨大衝擊。這當然茲事體大，但是針對一幅掛在辦公室裡的複製畫發表意見，要容易多了。換言之：全都消失在震耳欲聾的眾聲喧嘩中。

如果我的生命有危險，如果我的地球和後代子孫有危險，我不是應該要好好地了解一下究竟是什麼樣的危急關頭嗎？又要用什麼樣的文字來定義這個世界？

07 講故事

我的克林吉沙拉尼之旅，後來就成了《夢土》一書；這本書帶我走遍世界各地。我去慕尼黑演講，還跟德國波茨坦氣候變遷衝擊研究所（Potsdam Institute of Climate Impact Research）的教授沃夫岡・盧赫特（Wolfgang Lucht）同台討論。他說，他在十年前的預言不只成真，而且事實還超過了他的預言；他從未打算要成為末日的預言家。其實他最愛的是詩，只不過因為數學很好，後來就成了氣候科學家。他在演講中提到了希臘神話和卡珊卓（Cassandra）的詛咒，說到她有預知未來的能力，但是卻沒有人相信她；她命中注定能夠預知未來，但同時也注定會看到預言中的一切成真。

他跟我說，我以無比的熱情寫了地景、瀑布和山中秘谷，一定要繼續寫我們這個時代最迫切的問題。我說，氣候問題是複雜的科學，還是留給專家去寫好了。

「但是提到水力發電廠和煉鋁廠時，你批評專家，一點都不手軟。」

「沒錯，不過我至少看到了水壩，在那塊地上繞了一圈，知道水庫會蓋在哪裡。

我可以自己算出能源產量，算出工廠生產了多少不必要的產品，可以理解和批評工程師的計算模式。」

「那麼，難道你不相信自己能夠寫自從人類出現之後，地球上最重要的體系經歷的最劇烈變化，反而要讓一群科學家來負責嗎？」

「他們不能寫自己的研究嗎？」

「不能，因為他們不是溝通的專家。如果沒有人助他們一臂之力，他們的知識注定會成為馬耳東風。如果你身為作家，卻不覺得自己必須寫這些事情，那麼你純粹就是沒能掌握科學或是了解事情的嚴重性。任何人若是知道這個問題有多迫切，就一定會將其視為當務之急。我負責監督一大群科學家，他們根據既定的科學常規，發表了電腦模型與圖表，大家一邊看、一邊點頭稱是，可以有限度的接受，但是卻**不理解**究竟是怎麼回事，至少不是真的理解。我在國會的委員會裡發表數據，解釋說如果我們不採取行動，會有數百萬人無家可歸；那些政治人物立刻反應說：『如果我們照你說的去做，明天就會有數十萬人失業。』他們把責任推到我的頭上。如果那些政治人物真的理解我在說什麼，大家應該會立刻捲起袖子，一起找出解決方案才對。我們花費了大量心力在戰爭和武器這些致命的問題上，或是研究如何登陸月球；在曼哈頓計劃中，數以千計的人被送往沙漠，日以繼夜地工作，犧牲了暑假和耶誕假期，直到最後終於做出了核子彈。我們為什麼不能花同樣的力氣替這個地球做點事，做點好事？如果政治人物完全理解了，他們可以想出像這樣的方法。應該要有多少人來研究氣候危機呢？就算有幾百萬人也不為過，因為地球的未來已經危在旦夕！」

我點點頭。或許我看起來不夠嚴肅；在面對嚴重問題時，我常常忍不住微笑以對。於是他又說：「我不是在開玩笑。人們看不懂數字和圖表，但是他們都聽得懂故事。你可以講故事給他們聽，你必須要講故事！」

我稍加思索。

「但是沒有人想聽末日預言和現在這個世界的悲慘故事啊。」

「這就是問題所在，」他說。「假設有個醫生不想跟病人說他罹患了初期的癌症；不想告訴病人應該立刻戒菸、徹底改變生活，甚至放下手邊所有的事情，休息個一、兩年，才能救他一命；不想讓病人經歷外科手術、放射線治療、復健。假設你的醫生因為怕會嚇到你，所以不想老實跟你說可能會發生什麼事，反而推薦你抽天然菸草、喝薄荷茶。」

「那也不無道理。」

「這就是現在的情況，其結果就是我們面臨的問題愈來愈嚴重：病人沒有改變生活型態，相信某種精油的香味可以救他們一命。我們討論的是生死交關的問題，但是大家都沒有意識到。我們討論到的解決方法，大多都是安慰劑、順勢療法。什麼禁用塑膠吸管、塑膠分類，這些全都是枝微末節。我們需要更激進的行動。」

我一邊聽他說話，一邊在想：他到底有多認真。擔心冰島高地的一座水壩是一回事，但是有必要去擔心整個世界嗎？捲入這些事情會打開什麼樣的潘朵拉盒子？會不會讓一個人的幸福就此付諸無盡的東流水？接下來還有一連串的會議，在哥本哈根、巴黎、里約和京都召開；會有數以千計的專家發表論文和圖表，還需要加油添醋嗎？政治人物難道不會傾聽並且有所反應嗎？

那場討論會過後不久，我在冰島大學參加一場氣候議題的會議，專家一個接著一個上台報告。一位海洋生物學家談到海洋酸化與海鳥死亡；一位冰河學家談到冰川消融；一位生態學家談到全球地表表土流失、地面水位下降以及即將到來的缺水後果。他們提出各種數據，數百萬人、數百萬個動物物種、數百萬年來速度最快的變化等等，但是其中缺乏焦慮與激情。我環顧四周，在場聽眾沒有什麼反應，彷佛台上的講者在討論農業關稅對玉米生產造成的影響。我們不是應該聽得熱淚盈眶嗎？不是應該立刻分成各個行動小組，當天晚上就準備提出應對措施嗎？議程結束後，大家收拾收拾，聊東聊西，然後各自開車回家，好像什麼事都沒有發生似的。

或許我們個人太渺小，無法理解這整個世界；或許我看到的正好是集體焦慮的反面，一種集體的漠不關心。即使連這個課題的專家，似乎都無法為他的研究注入一點生氣，似乎無法將他潛入深海、測量世界上珊瑚礁的經驗與其他人的想像連在一起，無法將他心愛的一切都即將死亡的知識所引發的那種感覺傳達給別人。或許，科學家自己也無法完全理解他們在說些什麼——除非其他人都理解了。

08 我們不了解的詞彙

我知道地球上的每一個想法
都可以在冰島語中找到對應的詞彙。

——艾納．班尼狄克森[11]

我們相信文字是容易理解的，相信理解文字對我們來說是自然的事，相信我們從報紙和書本上所認知和理解到的世界，就是我們認知和理解的世界。但是事情沒有那麼簡單。一點也不。舉例來說，我們習慣忽略「全球暖化」這樣的字眼，反而對其他不重要的詞彙有更大的反應。如果我們深刻理解「全球暖化」一詞所包含的所有細節，那麼這些字眼就應該像童話故事裡的威脅一樣：我們應該感到恐懼。理解新詞和新的觀念，往往需要好幾十年，甚至好幾百年。

哈爾格利穆．彼得森牧師（Hallgrímur Pétursson）是公認的冰島語言與詩歌大師，他的《激情詩篇》（*Passion Hymns*）在一六六六年初版，其中第三十首詩一開始就寫

11 譯註：Einar Benediktsson（1864-1940），冰島詩人和律師，他的創作對冰島的民族復興和獨立有極大的影響。

道：「你聽好了，我的靈魂，這個罪惡的傢伙！良知早就應該插手。」詩中的「靈魂」、「罪惡」、「良知」這幾個字，都是在那個時代主宰文化的詞彙。幾百年來，這些字都是教士和統治階級握在手上的純粹力量；人們告解自己的罪惡，淨化他們的良知，確保在天堂能夠擁有永生的靈魂。但是這些字眼並不是自古以來就存在的；在九世紀的殖民拓荒年代，北歐人未必能夠理解哈爾格利穆的詩句。「靈魂」、「罪惡」、「良知」這些字眼大約是在西元一〇〇〇年跟著基督教信仰進入我們的語言，對冒險犯難的維京人來說，是沒有任何意義的。當時的人搶劫掠奪，從來不擔心自己的良知或罪惡。男人因為出征劫掠獲得榮耀與地位，而且他們從不原諒敵人，一定是有仇必報；若是有仇不報，反倒會讓他們有一種類似良心不安的折磨，不過良知這個字本身是不存在的。

維京人的詩歌——又稱為吟唱詩歌（skaldic poetry）——有嚴格且特別的詩歌格律。在基督教傳入之後，十世紀的詩人必須面對令人煩心的挑戰。當時寫詩必須使用源自北歐神話的隱喻：他們稱地球為「奧丁的新娘」，稱天堂為「侏儒的頭盔」。在這樣的傳統下，詩歌本身被稱為「亞薩[12]的佳釀」或「奧丁的禮物」或「克瓦希爾[13]的鮮血」，詩人要如何解釋上帝是天地宇宙的造物主？要在讚美基督教上帝——

12 譯註：亞薩（Æsir）是北歐神話中主要的神族之一，包括主神奧丁（Odin）和眾神之后弗嘉麗（Frigga），還有他們的雙生子黑暗之神霍爾德（Höðr）與光明之神巴爾德（Baldr），以及雷神索爾（Thor）等。亞薩神族與另外一支華納神族（Vanir）長年爭戰，後者是與豐饒、智慧，和預知未來相關的神族。

13 譯註：在北歐神話中，Kvasir 是一個比較特殊的一個人物，他不是神，而是由阿薩神族和華納神族以唾液共同創造出來的人類。

天地宇宙的造物主——的詩歌中提到亞薩族這些異教神明，顯然會有問題。我們以舊有的思考方式來理解新的思考方式：起初，除了「侏儒的頭盔」和「奧丁的新娘」這些詞彙之外，都不提及上帝，也就是仰賴基督教亟欲除之而後快的同一個異教徒世界觀來傳揚基督教思想。

文字也影響我們的情緒，我們的感覺。文字讓我們掌握存在的狀態、形容胸中塊壘。文字羈勒了原本無形的行動，給予框架約束。在冰島語中，有一個詞彙用來形容一種甜蜜卻哀傷的鄉愁，當你聽到過去一首意義深遠卻可能帶點悲傷的歌曲時，會產生的那種感覺；這個字是「*angurværd*」，字面上直譯成「柔和的感傷」；法羅語（Faeroese）[14]也有這種概念，但是他們用的字是「*sorgblídni*」，字面上直譯成「溫柔的悲痛」。冰島語和法羅語這兩個姊妹語言用了一組同義詞來表達相同的情感：柔和／溫柔，感傷／悲痛。

我不知道悲傷的法羅人和憂愁的冰島人，兩人的感覺是否相同；但是我們可以使用這樣的字眼來豐富我們的語言，更精確地表達情緒的光譜。當我們圍著營火唱起安詳的歌曲，或許「*angurværd*」一詞中那種柔和的悔恨就足以形容我們胸中的感覺；「*sorgblídni*」一詞的意義相近，但是其中的溫柔悲痛卻有更深沉的哀傷，是更

---

14 譯註：法羅群島（Faroe Islands）上的居民所使用的語言。法羅群島位在挪威海與北大西洋之間，是丹麥王國的海外自治領地。

大的悲痛。因此，這兩個不同的詞彙讓我們可以表達有更細微差異的感覺。當我看到阿尼爺爺的舊照片時，感到一種怪異的「*angurværd*」；現在他已經不在人世了，我心裡充滿了「*sorgblíðni*」。

出生於一六一四年的哈爾格利穆・彼得森牧師可以盡情地書寫罪惡與恩典，但是若要他寫關於自由、人權、民主和平等的詩，或許就會有困難。他是優秀的詩人，也是傑出的思想家，但是在他那個世紀的語言中，這些詞彙和概念根本就不存在。

一八〇九年，當約爾根・約根森（Jørgen Jørgensen）——冰島人稱之為約倫都爾（Jörundur），三伏國王——在冰島煽動革命，逮捕了丹麥派駐在當地的政府官員，發表了一篇激進的宣言，說：冰島脫離丹麥統治，是自由、獨立的國家。

在我們聽來，這像是一個在一二六二年遭到征服、從此失去獨立主權的國家再明顯不過的意願。我在學校唸書時，課本說冰島人六百年來都渴望自由；但是事實卻是更複雜。在約爾根上岸發表宣言的那個時候，非常可能根本就沒有人爭取什麼自由。一八〇九年夏天，某個風和日麗的好天氣，一個新的革命思想首度啟航，並且在同一天成形，但是問題是沒有人曾經想過冰島人應該爭取自由或獨立，很可能從來就沒有人在冰島大聲地說出這些字眼，結果，這些字眼對他們來說，完全沒有意義。

約爾根・約根森跟著英格蘭的肥皂商人山繆爾・菲爾普斯（Samuel Phelps）來到冰島，擔任翻譯。菲爾普斯打算跟冰島人購買牛油和羊油。雖然這些東西在鄉下地方供應無虞，但是英格蘭與丹麥之間的戰事卻阻礙了船隻航行，有一段時間都沒有到冰島來，導致該國開始缺糧和民生必需品。當時丹麥派來的總督腓德烈克・特朗普伯爵（Count Frederich Trampe），也就是丹麥國王在冰島的最高階官員，打算阻撓這次的交易：丹麥商人壟斷了冰島的商業交易，違法者可能被判處死刑。於是菲爾普斯及其船員設法拘捕了特朗普，將他囚禁在商船的船艙內；同時，約爾根暫時掌控了這個國家的治理權。他發表宣言，宣布冰島與各國和平共處，還高高掛起他替冰島人製作的國旗：三條鹹魚。

當時的政府有嚴格的規定，限制民眾在國內的行動，約爾根給大家遷徙自由，允許他們自由地遷移到國內任何地方，也不需要官方文件或特別的許可，就可以自由的買賣交易；他同時還下令，每一個港口都可以跟所有國家進行自由貿易。自由貿易在冰島是個新觀念。他還宣布立刻減稅百分之五十，終止冰島稅收不用在冰島人身上反而送往丹麥的慣例。此外，他提出冰島應該始終都要保有一年的糧食供應，以免受到饑荒和經濟波動之累。

約爾根對少數「懦弱」商人挾持國家為人質的情況，也給予嚴詞批評。從十九世紀初，農村勞工佔了全國人口的百分之二十五，但是這些沒有田地的人卻沒有自由，他們不能結婚生子，幾乎像是蜂巢裡的雄蜂。約爾根提出要設立醫院，改善助產術，降低嬰兒死亡率。從七月到八月，在那六十天的夏季裡，他提出來的改革計劃幾乎涵括了社會的所有層面。

他統治這個國家，直到人民選出了國會，成立了共和國。他在一八〇九年七月十一日的宣言第十二條，明確表示：

> 我們宣布並承諾，在代表大會組成之後，我們的政府就會下台。預定召開代表大會的時間定在一八一〇年七月一日，等到妥切適當的憲法確立時，我們就會辭職，窮人與貧民將與富人和權貴平等共享政府。

從法國起源，橫掃歐洲的革命思想，從未傳到冰島來：定義「自由」、「平等」、「獨立」這些詞彙的基本論述也不曾翻譯成冰島文或在冰島出版。在這方面，約爾根可說是走在時代尖端，幾乎是走在全世界的潮流之先。一八四九年，丹麥制定憲法，才確立丹麥的制憲民主制度。所以，當約爾根在一八〇九年說窮人與富人享有治理國家的平等權利時，他的思想比法國大革命還要更前衛，因為在法國，投票權是以財產為基礎。當時，百分之八十八的冰島農民是佃農；說他們跟富人在地位上平起平坐的想法，對大多數人來說，根本就是天方夜譚，因為他們覺得自己低人一等，認為權力本來就應該交到有錢人的手上。

約爾根要給我們**自由**，要廢除君主制，偏好民主制。他不想大權獨攬——他是反對君主制的——但是這個國家用來描述他這個角色的詞彙，就只有「國王」一詞，就像挪威的吟唱詩人在讚美上帝是天地宇宙的造物主時，就無法不說到「奧丁的新娘」。冰島人嘲笑約爾根，給他取了一個綽號，叫做三伏國王。

那個年代的冰島人冷淡、漠不關心，讓約爾根失望了。他給民眾自由，但是沒有人知道那是什麼，所以也沒有人想要接受；窮人跟富人有同等權利的想法，在現實中也是完全不可思議的。民眾無法理解，一個沒有國王的代表大會要如何治理國家。國會也是一個新概念，雖然中世紀的傳奇就已經提到冰島有國會——稱之為「阿爾庭」（Althing），是鄉村代表治理的制度——但是那終究不是已知的事實，民眾也不想回歸如此古老的制度。

冰島人不信任約爾根，倒也不是沒有理由。當時他才二十九歲，是個無可救藥的空談冒險家、賭徒，還是個好女色的登徒子；或許有人會懷疑他的目的是要將冰島併入大英帝國，但是不管他所為何來，其結果就是：這些激進的思想首次在冰島發聲，但是冰島人卻嗤之以鼻。馬格努斯・史蒂斯森（Magnús Stephensen）不僅是冰島首席大法官，也在一七九四年成立冰島國家啟蒙學會（Icelandic Society for National Enlightenment）的過程中扮演過關鍵的角色，他在一封信中提出了一個說法，認為獨立不是「任何一個好冰島人的希望」。

那些後來奮鬥爭取自由、平等、獨立的人，在一八〇九年不是還小，就是壓根兒還沒出生。被視為冰島獨立鬥爭之父的鮑德溫・艾納森（Baldvin Einarsson）當時只有七歲；詩人約納斯・哈爾格利森（Jónas Hallgrímsson）兩歲；冰島獨立運動英雄，並以其生日做為冰島國慶的瓊・西古德松（Jón Sigurdsson），則是要到一八一一年才出生，而他提出來的自由觀念，直到他中年時期還被視為激進的理想。

當冰島國會，也就是「阿爾庭」，在一八四四年重新成立時，只有地主才有投票權，總人數約占全國人口的百分之五；直到一九一五年，那些公民權遭到剝奪的冰島男性與四十歲以上的女性，才獲得投票權。至於男女都有同等投票權，則是一九二〇年之後的事了。直到一九四四年，冰島才獲得完全獨立——結束地方自治以及脫離丹麥聯邦。

在我那個年代，小學生都學過：冰島人受到丹麥的壓迫統治長達六百年，在這段時間內，這個國家都渴望自由、獨立。但是事實卻完全不是如此。直到十九世紀中葉，浪漫派詩人才提出國家始終都想要獨立的概念，但是大多數的人對於這種時代精神都無動於衷；他們安於日常生活，活在自己的現實世界，禁錮在當下的主流語言和權力體制之中。大多數的人在思考問題時，都是以特定時代賦予的路徑與觀念為基礎；對冰島人而言，他們是經過一百多年在哥本哈根的小酒館裡發表各種詩歌、演講、論壇、宣言、翻譯與討論，才完全理解約爾根在宣言中提出來的詞彙。直到那個時候，才奠定了討論這些思想的基礎，也奠定了一九一八年獲得獨立主權的基礎；但是即使到了那個時候，也還是又花費了將近一百年來討論性別平等的問題。

你現在手裡拿著的這本書裡所使用的文字，對我們當代語言來說，就跟當年約爾根使用的文字一樣新穎。「海洋酸化」一詞是大氣科學家肯．卡爾戴拉（Ken

Caldeira）在二〇〇三年創造出來的；根據冰島的媒體登錄網站 Tímarit.is 記載，海洋酸化（*súrnun sjávar*）這個概念是在二〇〇六年九月十二日的《晨報》（*Morgunbladid*）中才首度出現，此後在二〇〇七年又出現一次，二〇〇八年則隻字未提，到了二〇〇九年又提過兩次。相較之下，根據相同的資料來源，「利潤」（*hagnadur*）一詞在二〇〇六年出現過一千一百七十次，在二〇〇九年則出現過五百四十次。到了二〇一一年，關於氣候變遷的討論也只讓「海洋酸化」在平面媒體出現了五次，反而是美國名媛的名字「卡戴珊」（Kardashian）出現了一百八十次。

海洋酸化只是我們對新概念充耳不聞的一個例子，雖然這個現象是過去三到五千萬年來，我們這個星球的化學組成中最重要的變化之一。

我們談的是海洋化學的根本變化，可能會打亂整個生態系統，變化之大甚至可以讓我們嚐到海水的改變，因為海洋的酸鹼值可能會從 8.2 降至 7.9 甚或 7.7。酸鹼值的數字差異是以對數呈現的，大多數人都無法理解每個數字之間的差異究竟有多大，因為我們很難在大腦中找到合適的參考座標。同樣的，我們也很難理解芮氏地震儀上規模 4.0 的地震是比規模 2.0 的地震要大一百倍。

海洋酸化的原因是人類排放到大氣中的二氧化碳，有百分之三十被海水吸收了。如果我們觀察從兩千五百萬年前到現在的海洋酸度波動，就會發現有好幾次較小的波動，有些維持了好幾十萬年。如果事情發展一如預期，在未來一百年內就會看到海洋酸度的直線下降，就像慧星撞地球一樣。對地球來說，一百年就像是一瞬間。如果過去要花幾百萬年的時間才會發生的事，在一百年內就發生了，那種速度就可以跟爆炸相提並論了。

「海洋酸化」。我自以為了解這個詞彙，其實可能並沒有。沒有裝子彈的槍看起來跟上了膛的槍一模一樣，但是一把槍有沒有用、有沒有殺傷力，全都取決於子彈是否上膛。文字也有不同的電力，有些概念需要花好多年的時間，才能完全充飽。「海洋酸化」一詞，就跟亙古以來的所有海洋一樣，既廣且深；這個議題涵蓋的範圍之廣，涉及所有鯡魚和杜父魚棲息的淺灘全都加總起來，還會影響到黑線鱈魚和海豚，牡蠣、浮游生物和抹香鯨；其影響之鉅，遍及所有壯觀的珊瑚礁及悠游其中的海龜，也影響到腦珊瑚和小丑魚。只不過這個字就像是含了滿嘴的海蝴蝶（學名「駝蝶螺」，見P.272）一樣，難以下嚥。

如果我們檢視海洋酸化背後的科學，想一想地球上有多少住民必須仰賴健康的海洋才能生存，或許就會懷疑「海洋酸化」一詞在二〇一九年的完整意義是否太過薄弱，就如同「猶太大屠殺」一詞，在一九三〇年的意義遠不如在一九六〇年那麼強烈。「海洋酸化」一詞的重要性，或許會讓未來的世代迫切地渴望回到過去，避免天堂徹底消失。

我們這些當今地球上的住民，就跟三伏國王那個時代的冰島人一樣，彷彿「酸化」、「消融」、「暖化」、「上升」等詞彙，不像「侵略」、「火災」、「毒藥」等詞彙一樣，可以引起有意義的反應。我們看新聞、看紀錄片，但是不知道為什麼，卻還是如常地過著例行生活。

關於氣候變遷的討論充斥著科學觀念與複雜的數據：pH 值 7.8、415 ppm（百萬分之一）。我們必須跟化學角力，面對像「霰石」、「石灰飽合度」、「大氣二氧化碳活動」等詞彙；而且覺得二〇五〇、二一〇〇、二一五〇這些年份，好像跟我們沒有直接的關係——除了有時候一些政治人物搞些無聊的計劃，要在某一年，比方說二〇四〇年，達成某項目標之類的。政治人物都希望這些事情可以在他們卸任後，再過個五、六個任期再說。無數個「三伏國王」提出了具體可行的方案，有助於所有地球上的住民，但是我們卻漠然以對，就像一八〇九年的農民一樣，空有自由在手，卻不知道該怎麼辦。或許他們可以說這個世界的預期結局像密碼一樣難解，並以此為自己開脫：

二〇〇〇年，北極的霰石次飽和預期會對鈣形成的生物造成負面的衝擊，因為相較於二〇一八年聯合國氣候變遷報告中提出的二〇一八年 RCP 6.0 概況，海洋的 pH 值會達到 7.8。

這段文字傳達的訊息應該會引起恐懼，但是對大部份的人來說，卻只是專業術語。像這樣的段落理應直接影響到政治人物的政策，影響到選舉中的投票行為。

約爾根相信全體人民應該被賦予參與複雜事務的權力，對公共事務表態，並且以投票決定。全世界的人都面臨一項挑戰：科學家已經指出，根據目前的政策，我們已經走上了毀滅之路。這個挑戰正考驗著我們的制度。我們對於這些議題的參與是否足以讓我們選出能夠帶領世界走向正確方向的人呢？

09

尋找聖牛

二〇〇八年十月，我帶著《夢土》一書來到英倫三島。這本書的英文版才剛出版，而我則是要去薩默塞郡（Somerset）一個叫做佛洛姆（Frome）的小村莊演講。我住在倫敦的一間平價旅館；在旅館大廳內，看到報紙頭版刊登了關於冰島的新聞。其中一則是火山爆發的漫畫，另外一則是冰島銀行即將崩潰的標題。原本要在我演講結束之後與我對談的一名年輕國會議員打電話來說他不來了，因為他不想讓自己的名字跟冰島扯上關係。我去店裡替我太太買了一件漂亮的毛衣，但是就在我購物之際，冰島克朗兌換英鎊的滙率驟跌，所以那件毛衣的價格在五分鐘之內漲了七千克朗。等我回到旅館房間，電話鈴聲響了，打電話來的女人自我介紹說她叫做霍朵拉，還說她有一個有點不太尋常的訊息要傳達給我，問我有沒有興趣去訪問達賴喇嘛。

這讓我大吃一驚。

「那個達賴喇嘛？」

「他明年六月要來冰島訪問，他想要談一談環境議題。」

我從未聽聞他要訪冰島的計劃，心想這一定是詐騙，所以就回答說：「那太好了，真是太興奮了。不過我是基督徒，我得先打電話問問教宗，請他批准才行。」

「好，那你要我明天再打電話來嗎？」

「是的，我相信明天應該就會收到教宗的回覆。」

隔天，我又接到電話，問我說他怎麼說。

「誰？」

「教宗啊？」

「哦，對，教宗。他只是說，好，阿門。」

「你必須先將問題寄來給我們；他們要在訪問前好幾個月就先收到問題。」

我不是佛教徒，更不是佛教的權威。那時候，我對西藏和達賴喇嘛的認識，就只有我在青少年時期唸過的海因里希．哈勒（Heinrich Harrer）寫的那本《西藏七年》（*Seven Years in Tibet*）。

一九三五年，達賴喇嘛出生在西藏邊陲的安多地區一個貧窮的農家；當他兩歲大時，穿著繽紛的智者出現了，說他們追隨信號與星辰的指引，帶著屬於已經仙逝的第十三世達賴喇嘛的寶藏，尋找轉世靈童；他們將這些物品拿到這個孩子的面前，他指認出這些都是他以前的東西。隨後，他被帶往拉薩，從六歲開始在那裡接受僧侶教育，並且在十五歲那年，正式成為西藏的精神領袖。一九五九年，由毛澤東統治的中國入侵西藏，接管了這個國度；有上百萬西藏人遭到屠殺，六千多間寺廟在文化大革命期間遭到摧毀。達賴喇嘛帶著親信逃亡印度，在喜馬拉雅山腳下的達蘭薩拉（Dharamsala）興建寺廟，形成了一個小小的西藏聚落。每年都有難民陸續前來投奔，有好幾個世代都在西藏以外的地區成長，但是仍然希望有朝一日能夠返回家鄉。二〇一九年，正好是達賴喇嘛翻山越嶺，流亡到印度的六十週年。

在全世界所有的人之中，達賴喇嘛或許經歷過最不平凡的人生和最劇烈的改變。他出生在世界上最封閉的社會，但是長大之後，卻成了討論愛、環境和西藏議題的某種精神名人。在藏人的心目中，他就是菩薩——**悟道者**——幾乎就像是我們心目中的再生基督，這可不是比喻而已，而真的是同一個靈魂換了新的肉身，完全是延續前世與前生的性格。他是至高神聖的人，能夠聽他講話就已經是不凡的榮耀，更何況是可以跟他共處一整個鐘頭——這正是我得到的機會。

世界上，像冰島和西藏這麼遙遠的地方並不多。不過佛教說，萬物都是相連相通的。跟一位轉世十四次的聖人，到底該說些什麼呢？

我很想問關於時間的問題，我們的時間與達賴喇嘛經歷過的時間到底有什麼不一樣？還有未來會不會比過去任何一個時代都要有更多的不確定？還有整個自然，整個未來的問題。

我要尋找關聯性。我想要了解佛教，一個比一個更至高無上的不同角色之間有什麼區別：達賴喇嘛、班禪喇嘛、噶瑪巴。這是一個複雜的體系。佛教沒有上帝，可是有各種傳說、魔鬼、神仙、祈願、預言、迷信、傳統和神聖的儀式。要如何稱呼聖人？海因里希．哈勒見到達賴喇嘛時，達賴只有十一歲，兩人成了朋友，後來將這段經歷寫成《西藏七年》：

我們聽說在西藏根本就不用達賴喇嘛這個名字。那是出自蒙古語，是「廣濶海洋」的意思。通常大家稱呼達賴喇嘛為「加布仁波切」（Gyalpo Rinpoche），是「寶王」的意思。他的父母和兄弟則用另外一個名字來稱呼他，叫他「昆丹」（Kundün），就是「存在」的意思。

轉世是個奇特的概念，在一般談話，給我的感覺就是字面上的意思。大家提到轉世的人與其前世都是同一個人，只不過有不同的肉身：我在他的前世就認識他，那個時候他很嚴肅，可是現在卻很活潑，真的很搞笑。

事實上，讓我對轉世這個概念產生興趣的是我的兒子。他跟我說到他是如何出生的。「我坐在火邊烤橄欖，」他說。「然後我跟著他去見媽媽。你看到她的時候很開心，還親吻了她，」他跟我說。他還跟我提到他的「老媽媽」，說她「好多年前就死了」。他又說到他的「老哥哥」，說他被石頭砸中額頭就死了。後來，有一次我們一起去騎車，他坐在自行車後座的孩童椅上，我問他「老媽媽」的事，他說，「我現在不能再談老媽媽了。」此後，他就絕口不再提起。我到底知道些什麼呢？

我閱讀了一些關於中國歷史和西藏歷史的書，看了佛教的經文，還看了研究報告、文章，搜索地圖，消化各種傳記和電影。我看了關於達賴喇嘛以及達賴喇嘛自己寫的書，有些還不錯，有些則出乎意料：《快樂——達賴喇嘛的人生智慧》（*The Art of Happiness at Work*）。那是給中階主管的金玉良言。我看了關於快樂、婚姻、青年和未來的書，也看到有人因為收藏了達賴喇嘛的照片就被判刑入獄、以及六百萬藏人受到壓迫統治。我覺得對這些人有些責任。我可以看到西藏的人權如何受到系統性的迫害，看到藏傳佛教的主要體制如何遭到斫傷。班禪喇嘛是西藏排名第二的重要位置，重要性僅次達賴喇嘛；一九九五年五月，一名六歲孩童被認證為班禪的轉世，但是三天後，這名孩童跟他的家人就失去了蹤跡，至今無消無息。

我看了《法句經：真理的語言》（*Dhammapada: The Way of Truth*），簡單的文字美麗至極，到處都像是冰島的詩篇〈高人箴言〉：

小心話說兩面光，
自己的話要少，
避免粗言穢語，
踐行和顏悅色的談話

我也苦苦思索著神話，因為達賴喇嘛住在印度，所以我想到了聖牛。其實冰島神話中就有生命源頭來自聖牛的說法，為什麼我們會覺得印度聖牛會如此的異國而陌生？根據「散文埃達」（Prose Edda），世界的起源就是一頭從白霜創造出來的母牛，歐德姆布拉（Audhumla）——

哈爾（Hár）答道：「就在降下霧淞之後，一頭名為歐德姆布拉的母牛就出現了，四條牛奶之河從她的乳房流出，她又生下了尤彌爾[15]。」

然後甘格勒利（Gangleri）說：「是誰撫育母牛呢？」

哈爾答道：「她舔舐含鹽的冰磚；在她舔舐冰磚時，當天晚上，一個男人的頭髮浮現出來；第二天，一個男人的頭出現了。他被稱為布利[16]。他長相英俊，身材高大又孔武有力。」

歐德姆布拉撫育了尤彌爾，尤彌爾更創造了世界。他的血液變成了江海河流，肉身化為大地，頭髮變成森林，頭腦則成了雲朵。漫威公司製作了一種系列關於奧丁、索爾和洛基的故事；歌劇中也出現過女武神與諸神的黃昏——那麼，歐德姆布拉呢？就連她的名字也是一個謎團。在冰島語中，*aud* 有「富裕繁榮」的意思，但

15 譯註：Ýmir 是北歐神話中所有巨人的始祖，跟歐德姆布拉一樣，都是世界上最早出現的生物。

16 譯註：Búri 是北歐神話中最早出現的神，是包爾（Borr）的父親，奧丁的祖父。

是*humla*呢？沒有人確定。她的故事聽起來像是破碎的神話中一個古老的片段，一個斷簡殘篇，像是耳語傳話的遊戲，經過了幾千年，傳過了兩個大陸，最後被扭曲成：萬物初始，什麼都沒有，就只有「金倫加」（Ginnungagap）——一個無底深淵——然後來了一頭冷凍的牛，四條牛奶河孕育了整個世界……

我一路看下來，發現歐德姆布拉有個姐妹在印度。根據印度教傳說，全印度的母牛都有一位共同的母親叫做「伽摩忒奴」（Kamadhenu），是一頭代表豐富充裕的母牛，與代表地球本身的神聖的普利提毗（Pritvi）有密切的關聯，通常被描繪成一頭母牛。伽摩忒奴的起源類似歐德姆布拉，也是模糊的無底深淵，眾神都到她身上尋找庇護；她的雙眼就是日神與月神，但是她的腳，也就是她的基礎，則以山巒的形象為代表，就像喜馬拉雅山。

在冰島的「詩體埃達」裡有一首詩叫做〈海爾吉·匈丁斯巴納〉（Helgi Hundingsbana），在詩中可以找到這一段：

在古老的歲月，

老鷹高鳴
聖水降
從天國之山

在冰島語中，「天國之山」是*Himinfjöll*，聽起來很像是*Himalja*，也就是喜馬拉雅山。我繼續尋找其他的關聯，發現在尼泊爾有個地區叫做胡姆拉（Humla），大喜馬拉雅山路就是從此地開始的：一條古老的鹽路，一路走到西藏的聖山——岡仁波齊峰（Mount Kailas）。這座山是世界軸心，也是世界的正中心，根據古老的佛教、印度教、耆那教和西藏黑教，這裡都是地球上最神聖的地方。有時候，這裡又被稱為通往天國的階梯。太陽和月亮都繞著岡仁波齊峰旋轉，這裡是濕婆（Shiva）神座的所在，而據傳她是坐在一頭大牛的頭頂上。

在岡仁波齊峰的山腳下就是瑪旁雍措湖（Manasarovar Lake），長久以來都被視為世界上最高的湖泊。從這個地區，衍生了四條亞洲的聖河，分別從東西南北四個方向流下去：

印度河（*Indus*）是亞洲第一長河，全長約三千兩百公里，源自西藏，向西流到印度和巴基斯坦。

薩特列治河（*Sutlej*），全長約一千五百公里，從西藏流到印度和巴基斯坦，最後滙入印度河。

布拉馬普特拉河（*Brahmaputra*）流經印度和孟加拉，全長約三千公里，最後在梅克納（Meghna）河口與恆河滙流，流入孟加拉灣。

格爾納利河（*Karnali*）流經胡姆拉地區，因為流經尼泊爾，又名加格拉河（Ghaghara），形成世界上最大的支流系統之一，最後成為恆河的一條支流，全長約一千公里。

印度最神聖的一個地方，就在喜馬拉雅山腳下的北坎德邦（Uttarakhand），那裡有個冰川河谷，叫做高穆克（Gomukh）；從這條冰川底下，冒出白色泡沫，形成恆河最重要的源頭之一。「高穆克」這個名字在字面上的意思就是牛嘴或是牛臉，「Go」就是牛，而「Mukh」就是嘴巴。

突然間，一切似乎都豁然開朗。北歐神話中模糊不清的起源，全都指向全世界最神聖的一座山，天國之山的冰川，亞洲幾條主要的壯麗河川的源頭。

從冰霜中創造出來的牛，正是冰川的最佳隱喻。冰河中流動的水可不是普通的水：那是像牛奶一樣白的水，含有融解出來的礦物質，因為數百年來，冰川一直在研磨底下的岩石表面。冰川河水是田地和草原的最佳肥料，這些神聖的河流是巴基斯坦、尼泊爾、印度、孟加拉和中國等國家的生命源頭；總共有十幾億人口仰賴這些從喜馬拉雅山流下來的聖河維生，其中大部份的水都源自數以千計的冰川，有些甚至高達七千公尺。

在梵語中，有些字聽起來很像「*Humla*」。「*haimala*」是冬天的意思，而「*hima*」則代表「雪、霜或霧淞」。「Audhumla」。冰是生命與富饒的源頭。佛教認為萬物都相通相連，驀然間，我發現所有的線索都聚在一起。會不會是其中有些關聯呢？事實上，在冰島語中有一個字（*samband*）在興都語也找得到（*sambandh*）：二者都是指「關聯」。萬物都相通相連。萬物皆相依相符。

你得花一輩子的功夫做比較研究，才能找到這些關聯的適當理論。但是那不是我的重點；我只是在找詩的回聲，而歐德姆布拉——冰凍的牛——正好完美概括了喜馬拉雅山冰川的角色，或者以這個例子來說，甚至涵蓋了全世界的冰川。印度河——恆河平原被視為人類文明的搖籃之一，人類在奶白色的河流旁定居，開始耕種，畜養動物。冰川有完美的系統：他們在季風雨傾盆而下時收集雨水，然後在乾季來臨時以融化的水灌溉人口稠密的區域；他們就是以這種方式，提供人類營養的冰川河水，賴以維生。

冰川調節了季風與乾旱季節之間的波動，在最炎熱的時候，冰川河水有時候是唯一的水源。這個系統維繫了廣大地區的地表水，對作物和植物來說，都至關重要。在沒有季風雨的地區，冰川河水就更重要了，因為他們提供了人類所需的百分之九十的用水。

歐德姆布拉是如何出現的呢？她怎麼會在冰島人成為基督徒的兩百年後，在遙遠的北方島上，就在北極圈以下的地方，化身為手稿中的神話記憶？我們無從追查

這個故事如何橫越八千公里的旅程，但是我們彼此相聯，都來自相同的民族。「散文埃達」裡說，亞薩神族是從土耳其來到北歐國度，不過探險家索爾・海爾達爾（Thor Heyerdahl）認為他們是源自亞塞拜然。在這兩個姊妹帶著兩頭牛，連同她們的子民和故事，各自朝著她們的方向出發的幾千年後，印歐語言之間的關聯仍然清晰可見。非常有可能這兩個姊妹，一個叫埃達，一個叫吠陀[17]。

從牛眼看我們的文化，那些從挪威和英倫諸島來到冰島定居的人，很有可能可以追溯他們的根源到放牧牛群的印歐農民。在九三〇至一二六二年間冰島聯邦時期，也就是英雄傳說的年代，用來估算價格與價值的單位，就是牛的價格；人的價值也是以牛的價值來衡量。在中世紀冰島史書《殖民之書》（*Book of Settlement*）和豪克斯博克（Hauksbók）手稿中，也都描述了女人要如何取得墾殖土地：

> 依照命令，女人可以取得的墾殖土地，不可大於她可以帶著一頭兩歲大的母牛或是年青公牛，在春季的兩個日落之間，可以輕鬆走完的範圍。

也有人認為我們所使用字母 A 其實源自 *aleph*，就是埃及楔形文字中的牛頭符

17 譯註：Veda 是印度最古的宗教文獻和文學作品的總稱。

號；但是反過來看，就是希臘文裡的 *alpha*，跟阿拉伯文中代表「馴服」的 *alif* 有關。至於字母 B 則是與房屋的符號有關。馴服的牛，永久的居所；A 和 B 這兩個符號就是人類的歷史。在很多地方，牛隻都讓我們落地生根，搭建房舍，耕田種地，維持家計，建立村落，建設城市；而體系與宗教則經常反過來將牛視為生命源頭、財富與幸福的象徵。牛可以將草地化為食物，殖民者牽著牛走，就可以到任何地方定居，只要他們有乾草可以做為冬天的飼料。任何人只要有牛可以擠奶，就不會饑餓；因此，不論在任何地方，只要有青草和水源，一個人就可以定居下來，建立小家庭——從那裡，人們可以仰望高山，看著河水的更大源頭。白色的歐德姆布拉，有著像牛角一樣的山峰，就是生命的源頭，喜馬拉雅的宇宙之牛。

也有人相信，當人口過剩時，牛在世界的這個部份就會變成神聖：因為在這些人口稠密的國家，如果一直吃肉，是無法養活這麼多人的。

在喜馬拉雅山區，無論走到哪裡，都可以看到冰川與母牛之間的聯結與相似之處。有些冰洞裡有神聖的冰柱被稱為「母牛乳房」；當冰川上的浮冰鬆脫離開冰層落入海洋或潟湖時，我們稱之為冰川「牛犢」——正是母牛生產時，我們用來稱呼小牛的詞彙。人們為什麼會將冰川稱之為牛犢呢？

當我發現這一層關聯時，真的是喜出望外，覺得自己找到了歷史性的大發現，於是打電話給我的良師益友——自然科學家古德蒙都・波爾・歐拉夫森（Gudmundur Páll Ólafsson）——跟他說這件事。電話線那端沈默了好一會兒，讓我一度以為這種古怪的對比只是我自己一頭熱；最後，他終於開口說：「我會寄一篇我今天剛寫完的章節給你看，是我即將出版的新書《冰島自然界的水》（*Water in Icelandic Nature*）裡面的一章。」於是他寄給我那本巨著的一部份。

原來，他也發現了歐德姆布拉的秘密。我覺得這真是太神祕了，我們怎麼會各自都想到了這一點呢？在那個時候，地球上有將近二十億人相信岡仁波齊峰的聖潔崇高，應該在很久之前就有人發現這有如抒情詩一般的關聯才對啊。為什麼歐德姆布拉到現在才發出吽聲？我們決定分享彼此的看法。

古德蒙都・波爾並未能看到他那本關於水的書問世。他在二〇一二年夏末因癌症辭世，享年七十一歲，而他的書則是在他身後才出版的。《尼泊爾時報》（*Nepali Times*）刊登了一篇由昆達・迪克西特（Kunda Dixit）寫的訃聞。「他成了我的精神導師，」這位尼泊爾作者寫道。我也是心有戚戚焉。古德蒙都・波爾理想中的社會，是能夠在科技、文化與自然之間取得平衡，讓人類可以利用現代科學深化他們對自然的理解，與自然和諧共處，而不是一味地掠奪自然。

在他死前，我們曾經聊到信仰與來生。我們相信如果他能回來，他可能會變成一隻鳥，但不是雄偉的老鷹或普通潛鳥，而是一隻被人誤解的椋鳥。古德蒙都・波爾始終都跟那些遭到誤解的動物站在同一陣線。在他葬禮的兩天前，我打開辦公室的門，聽到奇怪的撲翅聲與鳥鳴啁啾，一隻椋鳥不知怎地飛進我的辦公室，正驚惶失措地在窗邊振翅。我簡直不敢相信自己的眼睛，小心翼翼地抓住那隻鳥，溫柔地捧在手心，眼眶泛起了淚光。我打開窗，放走鳥，看著牠朝著夏末的日頭振翅高飛。

＊　＊　＊

今天，你可以看到喜馬拉雅山巔的積雪正在快速的變化。這是在海平面數千公尺的高山，大家以為不會受到氣候變遷影響的地方。山谷冰川正慢慢地撤退，留下不穩固的冰川潟湖，不知道什麼時候就會爆裂，席捲下游的城鎮與農田。在某些地方，冰川以每年一公尺的速度消失，科學家指出，這樣的消融會直接影響到數千萬人的生計。隨著冰川消融，河川流速暫時增加，水量也因為冰塊融解而增加。回應海平面上升是一回事，可是如果水源——也就是生命的源頭——消失了，那又該怎麼辦？歐德姆布拉是不是快要死了？

我有足夠的問題想問第十四世的達賴喇嘛，更別說還有那些他一直在思索的議題：愛、友誼、希望、和平、未來。

10 聖人來訪

二〇〇九年六月二日

一位世界上最偉大的精神領袖即將訪問冰島，在此同時，這個國家的領導人紛紛走避。總統去塞浦路斯參加「歐洲小國運動會」；外交部長突然要去馬爾他開會；總理也無暇會見達賴喇嘛。雖然他只是到世界各地傳達和平的訊息，但是達賴喇嘛不管走到哪裡，都不免引起軒然大波，因為中國當局對那些正式歡迎他的國家都一律採取堅決的立場。冰島歌手碧玉（Björk）只不過在上海的演唱會上低聲說了一句：「西藏！西藏！」對於外國音樂家訪華的規定就立刻變嚴格了。

達賴喇嘛的要求並不過分：中國走「中庸之道」，讓藏人培育他們自己的語言與文化，給予投票權，可以在中國境內發聲。

我認為我們當局主政人物的紛紛走避值得反思：如果一個國家在面對強權時不能支持弱者的權利，那麼冰島獨立或所有的民主國家又有什麼意義呢？我們要做唯唯諾諾的鼠輩，還是有義務要支持那些受到壓迫的人？在另一方面，中國也是一個複雜的現象，這裡住了全世界六分之一的人口，沒有任何一個簡單的宣言可以一體適用這個國家、民族與政府。對中國或中國人民一概而論，幾乎等同對所有人類一概而論。

我在雷克雅未克的北歐飯店七樓跟準備做訪談錄影的工作人員碰面。我在腦子裡複習我想提出的問題；先前我已經寄了一些問題過去，心想不知道現在還能不能更改。除了環境和冰川消融的問題之外，我還有好多事情想問。

達賴喇嘛面帶微笑地走進來，先賜福給我，然後送我一條白色的絹巾。攝影師阿納爾（Arnar）替他別上麥克風，達賴喇嘛拉拉阿納爾的紅色大鬍子，然後笑了起來。他穿著紫紅色長袍，露出手臂和肩膀，笑起來時，整張臉都跟著笑。他說著簡單清晰的英語，在不確定的時候，會請翻譯或助理協助。

一開始，我有些遲疑，先熱情地問候他，謝謝他接受我的訪問。我首先問他，從小就在肩上扛起了全世界，會不會覺得無法承受；對大部份的人來說，光是做一個人就夠辛苦了。

他微微眯起眼睛，答道：

「我成為達賴喇嘛並不在意料之中。這些年來的責任也很有限。我的肩膀上只有西藏。」

「只有西藏，」我覆述一遍。這個國度的面積大約有兩百五十萬平方公里。

「是的，從那時候開始，我想大約有十萬名藏人成了難民，包括我自己在內。在這段期間，我學到了很多，也注意到這個星球上的問題。很多問題基本上都是人為的，很多在物質上富裕的人，甚至是億萬富翁，都非常不快樂。

「然後還有生態的問題。我很關心這些問題。不論我走到哪裡，我都會談到人的層面，而不只是藏人的層面。我談到內在價值，像是熱心。我們是社會動物，以當今的現實來說，我們需要一種全球責任感。像『我們』和『他們』這種壁壘分明，不關心別人只關心自己的舊觀念，已經過時了，也不切實際。因為這個世界高度的彼此依存，我們都彼此依存，這就是現實。」

我很想要問他關於歐德姆布拉的事，於是將訪問導向環境問題，問他關於融冰的事。

「我在喜馬拉雅山腳下住了五十年，這四、五十年間，經歷了很大的變化。早年，那裡有很多雪，但是這幾十年來，雪愈來愈少，即使在我居住的北印度也是一樣，在過個幾十年，水源要從哪裡來呢？未來會怎麼樣？我們已經開始擔心了。同樣的事情也發生在西藏。」

我說：「在神話中，冰常會讓人聯想起死亡。可是現在，我們看到喜馬拉雅山的情況，才赫然發現原來冰是生命的源頭，而在冰川下流動的水則白的像是牛奶。」

「在印度教中，恆河的水並不稱為水，而是甘露。他們形容如此神聖、純潔的水，就是稱之為甘露。因為我也在那裡，我用不太一樣的方式來表達：不管你是否認為那是甘露，實際上，那就是水。哈哈！

「跟我談過話的很多人都說，幾百年老的冰川正在縮小，溫度正在上升。一位中國的地質學家說全球暖化是平均零點一度，但是在西藏高原卻是零點三。快得這麼多！

「專家形容除了北極、南極之外，還有第三極。這個第三極就是西藏高原。有些科學家認為，以對全球暖化的影響來說，西藏高原幾乎類似南、北極。西藏高原位在高海拔，氣候寒冷，因此相較於溫暖的氣候，自然需要花更長的時間才能自行修復。一旦你破壞了自然，就要花很長的時間才能恢復。我們需要特別注意。」

「近幾年來，有很多人談到海平面上升，但是卻很少談到相關的議題，像是幾十億人仰賴冰川和從西藏與喜馬拉雅山上流下來的冰川河水維生。這就讓我們談到一個我想要問您的問題。在北歐神話中，世界的起源是歐德姆布拉，一頭從白霜創造出來的母牛；從她的乳房流出了四條牛奶河，餵養了全世界。在西藏與岡仁波齊峰，似乎也有引人矚目的類似故事。」

達賴喇嘛看了我一眼，跟他的翻譯低聲說了幾句話，然後又回過頭來看我，笑了起來。

「神牛！」他說。「神牛！岡仁波齊峰：我從來沒有去過那裡。當然，在精神上，大家認為那是聖山。岡仁波齊峰非常神聖，我常常跟印度朋友開玩笑說：印度人的神，濕婆神，就長年住在岡仁波齊峰。那是在西藏境內。從這個角度來說，數以百萬計的印度教神明，其實也是西藏神明。另外還有藏傳佛教：我們的大師或老師，佛陀，就是印度人。我有時候也拿這個來開玩笑。不過，岡仁波齊峰是非常重要的山。覆蓋整個亞洲的主要河川，從中國到巴基斯坦，都是源自西藏高原。西藏的自然環境不只關乎六百萬藏人，也關乎數十億人口的生計，因為他們全都仰賴源自西藏的水。而且不只是岡仁波齊峰，還包括整個喜馬拉雅山區積雪覆蓋的山脈，涵蓋從中國邊界到阿富汗的地區。許多科學家和生態學家預測，在未來的二、三十年間，有些主要河川的規模會縮減，甚至完全乾涸。在此之前，因為更多的冰雪融解，會有更多的大水氾濫，不過最後還是會乾涸。所以這是很嚴肅的問題。我常常覺得——也這樣跟別人說——除非我們特別注意，否則以現在的趨勢繼續下去，我想在下一個世代，就會有數十億人會受到這個威脅所苦。

「問題還不只是冰川消融而已。森林也同樣受害。中國政府已經採取行動來保護環境，包括停止濫伐森林，但是大家都知道，那裡有很多貪腐。就算公司受到很多規定和政策限制……還是有賄賂，像這樣的事情一直都有。所以那是很嚴重的事。」

「我們很難想像自己活在一個人類有力量去傷害冰川的時代。在您看來，我們是不是正經歷一個神話般的時代？您是否認為當今的問題比人類曾經看過的都還要更嚴重？」

「是的，一點也沒錯。我認為整個宇宙在這數百萬年間一直在變。世界的位置在變，太陽的熱度也在變。科學家說，有數量多到難以想像的氫氣在燒燒。我認為我們的太陽才五十億年，還算年輕，未來可能還有五十億年。從這個角度來說，太陽本身在變，還有圍繞太陽的整個宇宙也跟在變。這就是自然，我們也無能為力。

「但是，據可靠的生態專家說，全球暖化的這種快速變化，肯定是人為造成的，在亞馬遜和喜馬拉雅山脈，都砍伐了太多的森林，在西藏東南部與緬甸接壤之處，有一座地球上最濃密的森林，那裡也砍了很多樹。當然，還有車輛和工廠，燃煤造成了很大的傷害。

「如果全世界的人都能夠多注意一點，貢獻一點力量，我想可以稍微延緩暖化的速度。這不是少數人和少數國家的問題，而是整個地球的問題，這牽涉到地球上七十億人口的存亡問題。如果整個地球都成了沙漠，所有的人都必須離開。我想沒有人願意走到這一步。除非我們全心全意的謹慎應對，否則我們的子子孫孫都會面臨嚴重的後果；到了那個時候，就已經超過他們能力所及了。因此，我覺得我們這個世代的責任重大。這是我的感覺。」

「但是您是否認為我們能夠和平地達成目標？」

「我想可以，」他答道。「我不是專家。但是我個人的小小貢獻就是省水、省電。不管我走到哪裡，從來不泡澡，都只是淋浴；只要我離開房間，就一定隨手關燈。這就是我能做的小小貢獻。我認為每一個人都應該這樣做，這一點很重要。當然，現在還有很多人缺水、缺電，那又是另外一個問題。但是生活在比較發達地區的人，我相信保護生態的責任應該是日常生活的一部份。提到大型產業，我想他們有更大的責任，而且他們做事的效果也會更大。

「對中國這個人口大國來說，這也是一件大事；他們現在已經面臨缺水的問題。現在有人在討論要將一條從中國流到印度的河流改道……他們想要將水導向中國。這對那個地區當然會有好處，但是對南邊的鄰邦卻有巨大的影響。

「還有污染的問題，都因為過去沒有意識到。就像我說的，中國政府現在已經發現這些問題的重要性。因為這是全球性的問題，我認為如果在喜馬拉雅山區出了什麼錯，也會影響到冰島和北美。我聽說你們冰島有很多冰川學家，所以你們應該派一些專家去西藏協助中國科學家，徹底地研究一下，看看有多少已經遭到破壞，還有要採取什麼樣的措施，才是避免這些事情發生的最好方式。」

「但是西藏和西藏這個國度呢？事情似乎不太順利。」

「就長遠來看，中國終究會出現一個比較講理的政權，一個比較開放、透明、沒有審查制度的政府。到了那個時候，西藏的現實情況就會比較明朗，尤其是對中國人民來說。我們已經可以看到，很多中國知識份子和作家正表達他們對西藏情況的關切，也對他們政府的政策提出批評。這些人並不是支持西藏或是反中份子，他們只是受過教育的平民百姓，知道現在的情況對西藏人或中華人民共和國整體來說都不利。但是中國的國家主人卻完全無知。因為有審查制度。中國是世界上人口最多的國家，有十三億人；這個古老的國家目前在經濟上還算富裕。中國有潛力在地球上扮演重要的角色，因此，取得外界的信任是很重要的事。太多的審查卻沒有人負責，就很難建立信任。到最後，如果中國變成一個比較民主、比較開放的社會，有言論自由，尤其是新聞自由，那麼我想，事情的發展就會比較健康，也會和平的多。」

「我生活在一個有新聞自由的歐洲國家，我們可以公開地說出心裡想說的話。但是我們卻看到歐洲領袖擔心害怕；比方說，他們不敢公開跟您會面，而您到目前為止，所有的抗爭都是和平的。」

「我出訪的性質，包括這次到這裡來，都沒有政治性。主要目的都是精神性和教育性的。我的首要使命就是推廣人類價值，建立更快樂的人類社會、和諧社會。在另一方面，我是一個宗教人，也想要推動不同宗教傳統之間更深層的理解，這樣才能發展真正的和諧。如此一來，各種宗教傳統才能對共同的議題，像是環境議題、人類價值、人權等，做出某種有效的貢獻。這是我主要的考量。如果在此同時，我有機會見到一些領袖，我也會很開心。如果他們覺得不方便，我也不想造成別人的不便。但是這些事情，推動人類價值與宗教和諧，主要還是靠社會大眾，靠人民百姓。不管我走到哪裡，總是有一些公開的會面，去諮詢人民和地方組織。對此，我感到很高興，那也是最重要的事。」

「您認為人類的精神感覺與我們該如何對待這個星球和他人之間，是否有某種關聯？」

「我認為我們都是同樣的雪地民族。你們冰島人也同樣來自雪地，所以我認為，在心靈或情感層面，我們會有某種程度的相似性。冰島是小國小民，我認為那是好事。荷蘭也是小國，但是人口卻很稠密。我比較喜歡冰島，雖然我覺得夏天的白天太長，冬天的黑夜又太長，有點不太平衡！除此之外，我覺得你們的國家很美，非常美！」

「或許是適合轉世重生的地方？」

「對，哈哈！有何不同呢？」他笑著說。

「非常歡迎您來。」

「謝謝！我想，冰島人民在全球七十億人之中是很重要的一部份。我們很感激你們為西藏發聲，對西藏的關注。西藏問題不只是政治問題，我認為那也是道德問題。西藏的現況，現在的危機，對西藏人和中國來說都不利。為了西藏人好，也為了中國好，必須要找出一個解決方案，一個共同方案。」

「冰島人對我們的經濟危機感到很苦惱。您搭車經過街道或許沒有注意到這樣的危機，也許這根本就不是危機。您是否認為危機也可能會有好處？」

「我認為這取決於我們的態度。那些始終認為錢很重要，無時無刻、甚至連做夢都想到錢的人，我想他們是最受金融危機所苦的人。這樣的問題會影響到他們的整個生命，甚至他們的健康。當然，每個人都認為錢很重要，但是還有其他的價值啊，像是幸福的家庭、同情心，我們應該在其他領域多一點禱告，多花一點精神和時間。我認為，注重這些價值的人在遭逢全球經濟危機時，就比較不會那麼痛苦。這是我的想法。這個危機可能提醒我們要讓這些價值被人看到，而不要只關注金錢。當物質價值成了主要考量，就會有局限。人類必須多關注那些可以帶給他們寧靜平和、滿足和喜悅生活的其他東西。」

「那生命的意義呢？您找到了沒有？您自己的生命意義？」

「根據我自己的信仰和經驗，一個人的生命只要有用或是能服務他人，就會感到快樂。你的生命可以是對別人有用的東西。所以我認為我的生命有意義，日復一日，月復一月，年復一年。有錢人過著豪奢的生活，卻未必感到滿足，因為他們總是想要更多；如果從來都不想到別人，不幫助別人，就只是自顧自地過自己的生活——生命就會變得沒有意義。

「我們人類有了不起的智慧，應該利用這種智慧來增進全世界的快樂，創造和平，為社會帶來更多的同情心——有時候，我覺得那是我們的使命，為發展一個更有同情心的社會貢獻一己之力。」

「冰島人剛剛在我們這個島上做了一個社會實驗，一個人類實驗。我們想看看：如果每一個人都只想到自己的利益，會發生什麼事。結果並不好。」

「你知道，自私是我們的天性。如果你不照顧自己，誰會來照顧你？想到自己是很自然的事，很合理，也符合現實。不過若是犧牲別人的利益來照顧自己，那就不對了。每個人都有權利過幸福的生活。我們是社會動物。我們的態度會影響到彼此的幸福。因此，既然我們有潛力表達對他人的情感、憐憫和關懷，何樂而不為呢？在孩童時期，你看到小小的智慧。日復一日，年復一年，你一邊學習，一邊發展智慧。我們強化並滋養孩童的智慧，但是為什麼不增長他們的愛心與熱心呢？只要我們留意，這也是可以日復一日、月復一月地增長啊。」

「您在訪談中提到中國人時，並沒有任何的怨恨痛苦。但是西藏卻受到他們的傷害。寬恕是否可以取代正義或懲罰呢？」

「這並不矛盾。寬恕意味著你對冤枉你的人不再有恨意或是憤怒；寬恕並不表示你接受其他人的不公不義。我們反抗他們不公義的態度與政策，但是我們都同為人類，也共享豐富的文化傳承。中國人說，以前的舊西藏不好，如今在中國共產黨統治下的新西藏要快樂多了。我們必須正視這種說法，仔細地去研究。但是就我記憶所及，當我們還在西藏的時候，在一九五〇年以前，最多只有一百個人被關在牢裡；但是在過去這五、六十年，囚犯人數增加到七千人。到處都是監獄，同時也缺乏教育。所以我認為需要受教育。藏人曾經是天性快活的民族，他們缺少物質的基礎建設，但是卻樂天知命。現在，那種快樂已經不在了。」

一名僧侶在門口出現，我們的時間到了。我跟達賴喇嘛道別，再次謝謝他，他則轉向我問道：

「你去過印度嗎？」

「沒有，從沒去過。」

「如果你有機會來，讓我知道。我們可以更進一步討論事情。」

第十四世達賴喇嘛寬宏、慧黠、溫暖、感傷、嚴肅又愛沉思。他並沒有義憤填膺地說中國的壞話，反而談到西藏在中國境內的繁榮。任何人若是在經歷過戰爭、流亡，卻還能夠對那些冤枉他的人不出惡言，那麼此人必然有過人的力量。我們的天性就是戰士，有仇必報；達賴喇嘛有力量發動暴力反抗，卻選擇不要這樣做。

這段訪談就像一個人生命中的其他大事一樣轉眼即逝：堅信禮、畢業典禮或是初登場的處女秀。你先是覺得大腦有點混沌，發現自己對時間流逝超級敏感，然後就是某種鬆了一口氣的感受。我重讀一次訪談的內容，反覆思索其中的訊息。同情心的重要性、如何培養一顆柔軟的心。生命與寬恕的意義。但是最有共鳴卻是以下這段文字：

> 在未來的二、三十年間，有些主要河川的規模會縮減，甚至完全乾涸。在此之前，因為更多的冰雪融解，會有更多的大水氾濫，不過最後還是會乾涸。所以這是很嚴肅的問題。我常常覺得——也這樣跟別人說——除非我們特別注意，否則以現在的趨勢繼續下去，我想在下一個世代，就會有數

十億人會受到這個威脅所苦。

一開始只是一個有趣的機緣，可以跟一位真正了不起的人物見面，就像跟一些年長的親人聊天一樣，做非正式的訪談，但是後來卻開始圍繞著全球人口面臨的最嚴重問題打轉。冰川消融可能帶來最劇烈的後果；數百萬、甚至數十億人都可能遭殃，就算只有百分之一的人受到影響，那也是好幾千萬人。

證據慢慢增加。二〇一九年，一份全面性的《興都庫什喜馬拉雅評估》（*Hindu Kush Himalaya Assessment*）報告分析了氣候變遷對喜馬拉雅山和興都庫什山的影響，認為在本世紀結束之前，百分之三十的冰川會消失，即使人類達成聯合國目標，遏止二氧化碳排放增加，保持全球暖化在攝氏一點五度的範圍，還是無法拯救這些冰川。冰川已經開始以前所未見的速度後退，雖然地球溫度上升一點五度聽起來很小，但是仍然會導致更快速的冰川消融。這份報告並沒有說十億人，而是說十五億到二十億，會受到波及。昆達・迪克西特在《尼泊爾時報》上形容這份報告令人「不寒而慄」。如果我們不採取行動，減少溫室氣體排放，避免全球暖化接近目前正步步進逼的攝氏四度的話，會有三分之二的冰川融解，造成悲慘的後果。

我跟達賴喇嘛的訪談結束之後，一名僧侶來找我們，說達賴喇嘛是非常認真地邀請我去印度跟他進一步討論，我們可以在一年後去他們那裡跟他見面。也就是說，他給我時間再次對談，而且在達蘭薩拉，就在喜馬拉雅山腳下，歐德姆布拉的牛尾底下。

11
來自錯誤之神的啟示

天主的話傳到亞米太的兒子約拿，
說：「你起來，去尼尼微那座大城，
向其中的居民呼喊，
因為他們的惡已經來到我面前。」

——〈約拿書〉1:1-2

人類始終都是信徒。我們抬頭仰望星空，對奇景感到目瞪口呆；我們會膜拜瀑布和祖先、木雕人偶，還有天上與深海裡的神明。人類有單一神，一百位神明，也有半人半神；我們有神仙、女神、魔鬼、惡靈、守護天使、聖樹與聖跡。現在，我們有各種大型宗教：基督教、猶太教、伊斯蘭教、佛教和印度教，所有的宗教又細分為各種較小的教派與聚會所。

我年輕時，有時候會想：我所出生的這個社會是不是誤打誤撞地發現了各種神聖力量的正確組合，找到神聖的真理，正確的神明，以及精確的來生觀念，這樣的機率有多大？我在想：如果神明將這個世界拆解成不同的地域，或許我們會從錯誤的神那裡得到啟示，就像有人撥錯電話號碼一樣。我曾經想到一個故事：一位神祕的象神在一名年輕人面前現身，但是他卻完全不知道自己跟哪一位神明說話，也不知道這位神明代表什麼或是有什麼超能力。

可是，宇宙之牛歐德姆布拉突然在我眼前出現，帶來了重要的訊息，要傳達給這個世界。我打電話給古德蒙都．波爾，在我認識的人當中，他是最了解冰島自然界的一個人，或許也是最了解全球自然界的人，結果卻發現他也有同樣的故事要說，原來歐德姆布拉也跟他說話了。然而，就在我們相信自己找到了歐德姆布拉之際，所有的研究卻顯示她的力量正在消退，甚至可能快要死亡了。

喜馬拉雅山的冰川累積冬季的暴雨和季風季節的雨水，在人類需要水的時候釋放出來，幫助他們度過旱季。冰川吸收了季節性的波動，但是如果冰川消失了，劇烈天候就會頻繁出現，導致旱澇交替。古老的印度教文獻中曾經說過，天地初開時，恆河從天而降，力量之大，足以毀滅一路上的所有萬物，但是濕婆神發現了，於是讓恆河落在他的頭上，讓河水滲透進他的頭髮，再慢慢地流下來給人類使用。冰川的作用也是如此：他們生長在山頂上，就像濕婆的頭髮，吸附住可能致災的過多水分，然後再平均分配到一整年，讓大家雨露均霑。不只是農業因此受益，冰川河水帶著大量融解出來的物質流入海洋，滋養了鹹水與淡水交匯地帶的海洋、藻類和魚蝦的幼蟲。

喜馬拉雅山周遭是地球上人口最稠密的地區，三個擁有核武的國家聚在這裡：巴基斯坦、印度、中國。只要想到歐德姆布拉，就可以知道中國為何如此垂涎西藏，不肯放手讓西藏離開。因為擁有西藏，就擁有歐德姆布拉；而擁有歐德姆布拉，就掌握了亞洲地區最主要的水源供應。

我在旅途中遇見了一位印度海軍軍官薩提亞・丹姆（Satya Dam），他同時也是一位傑出的登山客。他就感到憂心忡忡。

「未來，冰川消融可能會導致戰爭。中國如果面臨水源短缺會怎麼樣？假設政府決定改變布拉馬普特拉河的方向，讓河水流向中國，而不是流向孟加拉，那又會怎麼樣？如果乾旱導致歷史性的《印度河水協定》（Indus Waters Treaty）破局，印度與巴基斯坦之間因為河水利用起衝突，會怎麼樣？冰川崩解顯然會造成動盪，作物欠收、饑荒、衝突，乃至於我們以前看過的那些更嚴重的災難。」

他口中所描繪的未來確實令人心驚膽顫。

我會見了印度教精神導師斯瓦米・尼凱拉納達・薩拉斯瓦提（Swami Nikailananda Saraswati），問他關於聖牛之事。他跟我解釋母牛的用處。他說，母牛始終都在給予。她分泌乳汁，生產小牛；我們用牛來耕種、取乳，再用拿牛乳來製作奶油，用來點燈，敬拜神明。在母牛的幫助之下，我們不但擁有物質上的富裕，還能進行精神上的儀式。所以母牛是物質與精神之母。斯瓦米還跟我說了一個故事：

> 很久很久以前，地球上發生了大動盪。惡魔開始到處作亂，於是大地之母化身為一頭母牛，走到眾神身邊，說：
>
> 「請保護我；惡魔在騷擾我，他們要傷害我；請保護我。」
>
> 於是眾神去找他們的主神，造物主梵天（Brahma）。
>
> 他們說：
>
> 「哦，梵天，惡魔在傷害我們，傷害這個地球。」
>
> 梵天說：「我愛莫能助。」

於是眾神又去找濕婆神，一起向全能的神祈禱，於是濕婆化身為人，殺了惡魔，保護地球。因此我們認為地球就是一頭母牛，並以這種形象代表她。

如果是在從前，我可能會覺得這個故事荒誕不經，但是這段古老的印度教　事似乎真的發生了：地球化身為母牛找上了我，代表她自己和她的所有子民，乞求我的協助。

當世界之牛找上門時，你該怎麼辦呢？我又該如何解釋？我應該警告全世界說，有十億人的性命垂危嗎？

你是替誰說話呢？可能有人會質疑。

我看到了聖牛歐德姆布拉，我是替她說話。

有人指責氣候科學家是末日預言的報馬仔，危言聳聽，但是實際上，他們都還太保守了。事情發生的速度遠超過他們最陰森的預言。很多科學家不願意過度解讀他們的研究結果，擔心會被人家說是煽動集體歇斯底理，或是擔心自己說錯了，被拿來祭旗。《紐約》雜誌（*New York*）刊登了一篇末日文章，描繪出世界遭到摧毀的恐怖景象，還說那會「比你想像的還要更慘」；作者警告我們：「你們得到的警訊顯然還不夠多。」在他描述的未來裡，地球會陷入完全的氣候混亂，所有的自然體系都一一失衡崩潰。「逃到海邊還不夠，」作者寫道。那時候，永久凍土已經融化，釋放出甲烷到大氣層裡；格陵蘭的冰川也會慢慢的融化，沒有人能夠阻止。這篇文章的作者勾勒出一個充滿極端氣候、洪水與饑荒的世界，一個永恆的戰爭，一旦所有的生態系統都出了問題，這個世界就再也無法播種和收割。

我看著這篇文章，心想：我必須改變自己的生活方式，立刻就要徹底的改變。可是，我接著又看到推特上的討論，引導氣候科學家批評這篇文章。他們指出，這篇文章的結論不是百分之百確定的。誠然，永久凍土可能會融化，不過這個看法還需要進一步研究；也不能肯定地說會有上億人因此死亡，最多就是三千萬人。一位氣候科學家批評這位描繪出悲慘未來的記者，說：「如果你把人嚇壞了，大家就全都癱在那裡，一動也不能動。」然後有一位心理學教授加入論戰，請這位氣候科學家指出有哪一份研究顯示人在面臨艱鉅任務時會進入癱瘓狀態。那位氣候科學家無法充分回應，於是心理學家繼續追擊：「氣候科學家刻意淡化他們的研究結果，難道是因為他們忙著扮演業餘的心理學家，根據導致人類癱瘓的假想恐懼在行動嗎？」

心理學家指出，即使人在面臨末期癌症的診斷時，他們的反應也未必就是心理上的癱瘓；而那些在心理上癱瘓的人，也可能會以極不尋常、甚至令人震驚的生命力來應對危機。他指出，在過去這一千年，人類經歷各種區域性的末日危機，不但撐過去，而且（在大部份的時候）克服了這些問題，甚至變得更堅強。他形容人類是「反脆弱的」：挑戰、變化、混亂，都不會讓我們屈服，反而讓我們更強壯；少了挑戰，我們就會萎縮，變得脆弱。

的確，當人類面臨巨大威脅時，我們反而會拿出真本事。大部份的人類進步都源自於必須征服某種威脅或是難以克服的障礙：饑餓、寒冷、猛獸、氣候變遷、重力；二十世紀有些最偉大的科技發展，也是因為在第一次世界大戰和第二次世界大戰時，全球各國害怕受到立刻的攻擊，於是使勁地在航空、雷達科技、貨品保存期限、電子通訊、醫藥等各個領域取得驚人的進展，就連在殺人與毀滅方面，也有意想不到的「進步」。我不喜歡用戰爭來隱喻科技進展；登月競賽或許會是比較好的例子，以取得的進步來說可以相提並論，但是卻沒有直接的痛苦和流血。

接著，我又想到這些年來對我最有啟發的一些人。古德蒙都・波爾・歐拉夫森一邊抗癌，明明知道自己只有幾個月的時間，還是奮力完成了《冰島自然界的水》一書；他的書回應了歐德姆布拉的呼喚。這本書延續了他一生的告白，表明了他有多麼熱愛地球及地球上的水，同時警告我們，如果不遠離毀滅，會發生什麼事。他知道自己的生命即將告終，為什麼還要想到未來？我們在地球上的時間結束之後，還有什麼目的嗎？或者還能扮演什麼角色？成立環境組織「自然之聲」（Nature's Voice）的冰島演員和導演艾達・海德倫・巴克曼（Edda Heidrún Backman），因為罹患肌萎縮性脊髓側索硬化症（ALS，又稱漸凍人症）導致頸部以下全身癱瘓，後來也在二〇一六年十月，因此病症離世。她在同年四月傳了一則訊息給我，說我們該集結眾人之力來拯救地球了。她給我一幅海爾聚布雷茲山（Herdubreid）的畫，是她用嘴啣著畫筆畫出來的，因為她全身其他部位都已經癱瘓。我清清楚楚地記得她說的話：「拯救地球。」我始終覺得用「拯救」這個動詞很難為情，覺得好像太劇戲化、太誇大。但是二〇一九年聯合國政府間氣候變遷專門委員會的報告結論已經說得很清楚：我們是最後一個的世代能夠拯救地球免於不能回復的毀滅。

歐德姆布拉會找上我，顯然就是一個極端的例子，但是我想，即使思緒最縝密的人也會在某一刻覺得應該要起而行，採取行動，拯救地球——但是他們還是會找藉口避免麻煩。我的逃避方法就是寫小說；我選擇讓其他人擔心激進主義的問題。二〇一二年十月二十九日晚上七點鐘，我選在曼哈頓有歷史價值的聖馬克書店（St Mark's Bookshop），替我的科幻小說《愛星》（*LoveStar*）舉辦一場盛大的新書發表會。結果除了珊蒂颶風（Hurricane Sandy）之外——她正好在當天晚上七點鐘侵襲紐約——沒有一個人來。

我有四個孩子，都到了開始要做出人生抉擇的年紀。我該怎麼跟他們說？又要如何解釋會發生什麼事？剝奪他們的人生意義以及對未來的信心，讓我覺得很難過。想到他們在報紙或YouTube上看到地球會在未來的一百年間逐漸衰亡的消息時，露出黯淡的眼神，就讓我不安。如果他們問起：「地球是不是為了我們才毀滅的？」我會覺得胸口一陣刺痛。

12 回到過去

時間就像一幅畫，
一半是水畫的——
另外一半是我畫的。

——史坦因・史丹納

科學家談論時間：他們經過辯論、推論，勾勒出未來的圖像。他們透過複雜的模型，利用超級電腦找出答案，刻畫出這個世界在二〇五〇年、二〇七〇年、二〇九〇年會是什麼樣子。我們覺得很難聯想到這些年份，更別說予以回應了。現在是二〇二〇年，電影《銀翼殺手》（*Blade Runner*）故事發生的一年之後；再過五年，就是《回到未來》（*Back to the Future*）的未來那個年份；也是歐威爾預言的《一九八四》的三十六年之後。我們被進步與革命沖昏了頭，所以才如此不負責任地描繪我們與未來的關係。對我們來說，一百年就像是永恆，是無法想像的事情。

一百年似乎是遙遠的時間，因此當科學家警告我們，如果情況以現在的速度繼續惡化下去，到了二一〇〇年，就會有實實在在的大禍臨頭時，完全沒有任何反應。我們只是聳聳肩，彷彿那個日期與我們無關。

科學家相信，人為影響太過廣泛，導致我們進入了新的地質紀元。這個現代紀——又稱為人類世（Anthropocene）——是從一萬年前開始的全新世（Holocene）分出來的新地質紀元。自二次大戰以降，人類活動，不論在人口、消費、耗能或污染方面，都以幾何級數成長。我的伯恩爺爺跟他的第二任妻子佩姬屬於那個從出生到成年都是同一個地質時間的年代，現在老了，卻活在另外一個新的地質年代的開端。一九二〇年，也就是大約他們出生的年代，全球人口約有十九億人；如今卻超過了七十億。我們預測到了二〇三〇年會增加到九十億，到了二〇五〇年，更會突破一百億大關。

我有幸跟過去還有直接的聯繫，可以親自問我的祖父母：「一百年是長還是短？」

伯恩爺爺在一九二一年出生在比爾德達勒（Bíldudalur），到二〇一九年過去，享年九十八歲。我常常在想要替他立傳，甚至還要寫他的手足和表兄弟。不過他的故事正好符合時間和水的敘事。

我在二〇一八年四月見到他，當時他剛從佛羅里達州搬回紐澤西州。他原本計劃在佛州度過退休生活，還跟佩姬在卡納維爾角（Cape Canaveral）買了一間公寓，從陽台就可以看到太空總署發射火箭時的火光；可是連續兩年，大部份的佛州居民都因為颶風侵襲而被迫撤離——先是二〇一六年的馬修（Matthew），然後是次年的艾爾瑪（Irma）。他們的女兒，也就是媽媽同父異母的妹妹，不得不冒著風雨搭機飛過去，帶他們二老去避難；顯然不能繼續這樣下去了。

伯恩爺爺放棄了佛州，回到紐澤西。

「以前颶風大概是每三十年來一次，」他說。「現在他們開始每年都來，情況不是很好。」

「是因為氣候變遷的關係嗎？」我問。

「誰知道？」伯恩爺爺說。「或許要等到一千年後，才能看出這個模式。」

到了如此高齡才變成從佛州來的氣候難民，伯恩爺爺是第一批，但絕對不會是最後一批。冰河時期結束後，地球的海平面上升了一百二十公尺，然後就非比尋常地維持了兩千五百年的穩定；但是現在人類又開始了一個新的上升循環。根據科學家的預測，如果有人現在出生並且活到像伯恩爺爺這樣的年紀，那麼在他有生之年，就會看到絕大部份的佛州被海水淹沒。

「現在如何呢？在這裡的生活？」我問伯恩爺爺。他們搬進了風景如畫的老人之家，住在一間舒適的小公寓裡。他從未想過要住進老人之家；自從雙腿不良於行之後，他對失去自由一事始終耿耿於懷。儘管在佛州，他的駕照是合法的，但是紐澤西當局卻拒絕承認他的駕照。

「簡直是監獄；我再也不能開車了。」

「別這樣嘛，」佩姬說。「這裡很好啊。」佩姬看起來氣色很好。她向來都是開開心心，有趣又熱衷社交生活。

她懷裡抱著一隻電動貓，不時地喵喵叫，還發出咕嚕聲。

「這貓是不是很奇怪？」她說。

「對，」我說。

「他叫艾迪，」她說。「是不是很可愛呢？」

我拍拍機械貓，他回以怪異的咕嚕聲。

他們的女兒莉莎，也就是我媽媽同父異母的妹妹，替那隻貓道歉。

「有人跟我說機器貓對老人家很好，但是我擔心那會讓媽媽看起來更古怪。不過你還真應該看看退休外科醫生替那隻貓換電池的樣子呢。」

佩姬很愛說笑，不像我伯恩爺爺的防衛心那麼強；當她輕撫著那隻機器貓時，我分不清她是不是在開玩笑。

伯恩爺爺在比爾德達勒長大，那是一個只有兩百人的漁村，位在冰島最遙遠西邊角落的峽灣；他的父親索爾伯恩．索爾達森（Thorbjörn Thórdarson）是地區的醫生。一九四〇年，伯恩從阿克雷里高中（Akureyri High School）畢業後，也去唸了醫學院。那個時候的選擇很稀少，戰火又席捲歐洲，任何人若是想要受教育，就只能選擇當牧師、醫師、律師或老師。在戰爭期間，他在雷克雅未克的一場舞會上結識了胡爾達奶奶，然後在一九四九年去美國唸醫學院，當時媽媽跟她的雙胞胎姊妹只有三歲。他原本只打算去一年，結果一年變成了七十年。我的祖父母在一九五〇年代中葉仳離，他就在美國永久定居下來了。

伯恩爺爺的事業進展得很快，成了康乃爾大學的教授和紐約醫院的首席外科醫生——也就是後來的紐約長老會醫院（NewYork-Presbyterian）。他後來認識了從多倫多來的護士佩姬，兩人搬到紐澤西郊區的諾伍德（Norwood），是有錢人聚居的社區，然後生了四個孩子。伯恩每天開車去紐約上班。在此同時，胡爾達奶奶也在冰島找到了住在山裡的男人，又多生了兩個孩子。

伯恩爺爺的臉上有歲月鐫刻的痕跡，雙腿站不穩，也有重聽，但是他的腦子還是像銅牆鐵壁般的牢固。我們交錯使用冰島語和英語，不過跨語言的交談完全流暢無阻。他從很久以前就有重聽，但是最近開始使用助聽器，讓我們的對話變得比較輕鬆。我問他關於時間的事，現在他是我認識的人當中年紀最長的一位，幾近百歲的年紀，感覺如何？

「呃，」他用冰島語說。「大家都死了，我的老同事、老鄰居、老同學——連我的兄弟姊妹幾乎全都死了。除此之外，我覺得都還好。我在阿克雷里高中認識的朋友可能一個也不剩了，也許除了歐納德·艾斯傑爾森（Önundur Ásgeirsson），他還活著嗎？」

「我查查看，」我說著，拿起手機，開始用google查詢這個名字。伯恩爺爺也湊過來看。他瞇起眼睛，成了臉上的兩條細縫。手機上出現《晨報》的一篇訃聞。

「歐納德顯然在二月死了，」我說。

「哎，好吧，」伯恩爺爺說著，嘆了一口氣。「那麼就真的只剩下我一個人了。」在那一刻，他是冰島還健在的最老醫師，也是他高中僅存最老的畢業生。我問他會不會覺得他的一生很漫長。他說一百年根本稱不上時間。「我覺得我在鯡魚船上工作——在安納爾峽灣（Arnarfjordur）的「威士坦」號（*Westan*）——好像就是昨天的事。」

一九七九年十月底，伯恩爺爺替伊朗國王穆罕默德・李查・巴勒維（Mohammad Reza Pahlavi）動手術，還因此登上世界新聞；當時我只有六歲，住在新罕布夏州。我們在開車去漢堡王參加我同學的生日宴會途中，從收音機裡聽到伯恩爺爺的名字。我問爺爺關於手術的事，他跟我說國王很消沉沮喪。當他入院時，聽到廣播新聞說革命軍抓到了他的好友和同儕，全部予以處決。伯恩爺爺跟我提到群眾聚集在醫院外面抗議國王；或者，如同他在談論國王的脾臟的一篇文章裡所說的：「醫院外面被咆哮的暴民團團圍住，用路障封鎖，高喊著要國王的頭顱。」當時，伯恩爺爺的女兒分別是十五歲和二十歲；中央情報局還指導她們若是看到神祕人物跟蹤她們，就要提高戒備。「我們該怎麼辦？」她們問。「跑！」

在伊朗的叛亂份子也激烈抗議國王在美國接受治療。手術的四天後，也就是一九七九年十一月四日，一群激進學生劫持了美國駐德黑蘭大使館，他們要求引渡國王回到伊朗，大使館的員工當了四百四十四天的人質。一次失敗的救援行動，導致卡特政府下台，隆納德・雷根接任。國王失去了國家，似乎沒有人願意接受他；他去了德州和巴拿馬，最後在一九八〇年夏天死於埃及。國王曾經為了捍衛美國在伊朗的石油利益，扮演過關鍵角色。伊朗革命後，石油危機隨之而來：伊朗原油生產從每天六百萬桶（九十五萬立方公尺）驟降至一百五十萬桶（二十四萬平方公尺），在全球經濟動盪之中，世界原油價格翻倍上漲。

「成為全世界矚目的焦點，你會覺得很困擾嗎？」

「不會，不會，我對治療所有的病人，都是一視同仁。」

身為紐約醫院的首席外科醫師，他收治來自世界各地的病患。有位蘇丹搭乘一架巨無霸飛機來看病，他的隨從則搭乘另外一架，只因為他發現自己染上了條蟲。

藝術家安迪・沃荷（Andy Warhol）也在一九八七年成為伯恩爺爺的病患。

「沃荷是個奇怪的傢伙，」伯恩爺爺說。「幾年前，那個女人開槍射他之後，他就得了醫院恐懼症。他到我的辦公室來，跟我說：『如果你可以不動手術，我會讓你變得很有錢。』那時候他隱瞞病情好幾個星期，情況已經很嚴重了。我在動手術時，他的膽囊已經壞死，但是手術本身還算成功。我跟他說再見時，他的精神還很好，可是當天晚上，我就接到電話，說他死了。」

你可以想見，那是多大的震驚；媒體說那是一個「例行的」小手術。這可不是任何外科醫師想要的「十五分鐘的名氣」。我在二〇一九年四月跟伯恩爺爺見面時，《紐約時報》才剛刊登一篇重要的文章，討論那次的手術，說那不是什麼小手術；對一位身體羸弱的病人來說，那是一個大手術，其中牽涉到的風險不應該讓人太意外才對。

伯恩爺爺也曾經替羅伯特・歐本海默（Robert Oppenheimer）動過手術——他可能是二十世紀最接近神話人物的一個人了。在希臘神話中，普羅米修斯從奧林帕斯山的最高峰偷走了火種交給了人類；歐本海默則是鑽進了物質最小的單元，為全世界的領袖帶來了核彈，讓世界領袖擁有了如同神一般的力量，可以炸毀整個地球。不可靠的領袖被賦予毀滅的力量，比人類歷史上所有的暴君加起來的破壞力，還要大上好幾倍。相形之下，普羅米修斯有的只是微暗昏黃的小小火焰。

許多科學家認為歐本海默所做的事，標示著地質史上的新紀元。名為「三位一體」（Trinity）的核試爆所釋放出來的輻射線，確立了我們可以稱之為人類世起點的地質層。在一九四五年七月十六日之前，人類對地球所有表面，所有的土壤、石頭與金屬的影響，我們留下來的足跡，就還算可以估量；此後，身為生物的人類，就開始像地質現象一樣對地球產生影響。一個人的一個決定就足以摧毀所有的生命：引爆核彈。在此同時，其他人類活動也變得太過廣泛，因此我們可以說二次大戰後的年代是「大加速」時代（Great Acceleration）。在這段時間內，人類對地球的影響以幾何級數成長，而生物多樣性則正好背道而馳。

歐本海默的影響力遠勝過任何國王、總統或司令；他算是神話級的人物，而他未來留給後人的名聲是好是壞，端視我們如何處理核能。有些敘事將他塑造成為人類帶來和平的人，但是未來猶未可知，因此我們也只能以傳奇的角度來評估他的影響：核彈高懸在我們的頭上，就像達摩利克斯[18]的劍；它帶給我們的和平，可能也是得不償失的勝利。

天神對於普羅米修斯的行為極感憤怒，給他殘酷的處罰，將他綁在石頭上，任由老鷹撕裂他的肝臟。我對伯恩爺爺說——他的名字原意為「熊」——「我正在寫

18 譯註：在希臘傳說中，達摩利克斯（Damocles）是國王狄奧尼西奧斯的朝臣，他奉承國王說：「您擁有至高的權力和威信，真是幸運啊！」於是國王建議他們交換身份，讓達摩克利斯坐在他的位置上。結果達摩克利斯抬頭一看，就看到一把僅用馬鬃繫的利劍，嚇得趕緊離開。原來國王樹敵太多，因此懸了一把利劍提醒自己要居安思危。

當今這個年代的神話，如果老鷹啄食普羅米修斯的肝臟，那麼熊會對歐本海默做什麼呢？」

伯恩爺爺想了一會兒，微微一笑。

「可惜我簽了希波克拉底誓詞[19]，所以不能跟你說。」

「是跟肝臟有關嗎？」我問。

「就說是跟痔瘡有關吧。」

時間縮小成距離。再過五千年，在那個時候的人眼中，歐本海默與普羅米修斯差不多就是同時代的人了。現在書籍使用的紙張只能維持一百年。如果我這個故事是用熊果墨水寫在牛皮紙上，再偷偷送進阿尼·馬格努斯森研究所的檔案櫃裡，說不定可以保存一千年，甚或更久。未來世代接收到的神話聽起來也許會像是這樣：

老鷹啃噬普羅米修斯的肝臟，熊則治療歐本海默的痔瘡。

伯恩爺爺跟我說，當歐本海默躺在手術枱時，他腦子裡突然閃過一個畫面，來自他小時候在比爾德達勒的教堂裡；歐本海默神似教堂裡古老祭壇上方的耶穌基督形象。「那也不奇怪就是了，」伯恩爺爺說。「他們兩個都是猶太人，也各以不同

19 譯註：Hippocratic 為古希臘醫生，被視為西方醫學之父；他寫的誓詞裡列出一些倫理規範，又稱為醫師誓詞。

的方式改變了這個世界。」

歐本海默看到原子彈第一次爆炸後，就意識到他做的這件事情帶有神話的色彩。他在一次訪談中說到：

我們認識的世界再也不會一樣了。有些人笑，有些人哭，大部份的人保持沉默。我記得印度教經典《薄伽梵歌》（*Bhagavad Gita*）裡有一句話：

現在我成了死神，世界的毀滅者。

我這個世代始終都覺得歐本海默的發明是個揮之不去的夢魘。我們是不是太多慮了？還是說，我們的憂慮正是這個世界仍然存在的原因？我從小看廣島核爆的照片長大，像「核冬天」、「核塵埃」之類的詞彙，更像烏雲一樣籠罩著我的童年。這些字眼都是充飽了電，電力全滿；在我們聽來，絕對不是耳邊風，不是白色噪音。

如今，科學家針對地球溫度上升三到五度的後果，又勾勒出新的恐怖景像。地球完全放棄地質速度，直接以人類的速度產生變化，然而我們的反應卻還是冰河的步調，還是開會來決定下一次開會的地點。或許跟核爆的亮光與震波相比，氣溫上升沒有足夠的危機感，改變的速度也不夠快；我們仍然冷靜地看著慢速發展的災難。「地球暖化」聽起來跟「核冬天」完全不同；這裡又燒掉幾座森林，那裡又熱了一點，有時候情況還會稍微好轉——直到驀然間，千年一遇的洪水沖向慢慢上升的海平面，沙漠面積緩慢擴張，颶風一點點地增強。而在此同時，一、兩個物種死亡滅絕，早已不是新聞。

我這個世代似乎不願意重溫過去的恐懼。但是，很不幸的，我們必須嚴肅以待。我們的孩子不曾經歷核子威脅與臭氧層破洞；他們對於世界末日並沒有表現出反諷的態度。他們不怕恐懼。他們上街罷工。學校應該幫助他們做好準備，面對未來——當然應該——可是如果學校體系與商界不能因應科學而改變，那麼所有的教育都失去意義，反而引導我們走向錯誤的方向，走上末路窮途。

13 鱷魚夢

伯恩爺爺和佩姬跟四個孩子，住在紐澤西州諾伍德區的一棟白色大房子裡。我小時候住在美國的那段時間，經常去他們家玩，那是一棟兩層樓、像童話故事的房子，後院還有游泳池。他們養了一隻狗、一隻天竺鼠、一隻侏儒凱門鱷，還有好多老鼠用來餵養BC——那是他們替家裡那條有三公尺長的大蟒蛇取的綽號。鱷魚和蟒蛇的主人是他們的大兒子，約翰．瑟布賈納森。

我媽媽用八釐米影片拍下了我小時候最快樂的某一天。我大約六、七歲，我們去紐澤西玩；約翰帶著蛇走出來，我們不但可以抱著它，約翰還讓它跟我們一起在游泳池裡游泳。同一天晚上，我們去夜泳，看到蝙蝠捕捉追逐池底燈光的飛蛾。

約翰舅舅生於一九五七年，對爬蟲類和兩棲類動物有一種貪得無饜的狂熱：他熱愛在他們家後面林子裡找到的青蛙、烏龜和蛇。約翰十歲時，看到《國家地理雜誌》頻道一個關於鱷魚的節目，講到他們在佛羅里達州大沼澤地面臨的危機。他似乎找到了他的天命，立志長大後要研究並且拯救鱷魚；後來，他還真的成了爬蟲學家，專研鱷魚的保育工作。

鱷魚在地球上已經生存了七千萬年，外形始終都跟我們現在看到的樣子都沒有什麼太大的改變。他們的演化史可以追溯到兩億年前，經歷過地殼構造運動和冰河時期，都適應過來；六千六百萬年前，科學家相信因為一顆隕石撞擊地球，造成第五次，也是最近的一次大滅絕，恐龍和地球生物圈裡四分之三的物種全都死亡，但是鱷魚卻存活下來。

約翰完成他爬蟲學博士論文時，地球上還存活的二十三種鱷魚之中，絕大多數都已經名列瀕臨滅絕風險的名單或者是接近滅絕。他的博士論文主題是眼鏡凱門鱷，正是他小時候養的那種鱷魚。後來，他加入一個保護全球鱷魚的全面行動計劃。

我一直夢想著跟約翰去亞馬遜地區住一陣子，寫一本書或是一系列的文章，描寫那裡的河流、雨林和當地文化。我生平發表的第一號作品，就是替《晨報》周日版翻譯一篇約翰寫鱷魚、烏龜和巨蟒的文章。翻譯一篇關於非冰島本土物種的文章有其挑戰性。我們的語言並沒有區分鱷魚和短吻鱷，更別說是那篇文章的主題：凱門鱷——黑凱門鱷魚是南美洲最大的捕獵動物，可以長到超過五公尺長，體重破一千公斤。

在冰島語中，有七十個詞彙講雪，但是卻只有一個 *krókódíll* 要涵括短吻鱷、凱門鱷、恆河鱷和鱷魚。想像用「sheep」一詞來形容綿羊、山羊、羚羊，只有「cod」來形容鱈魚、黑鱈魚、鮭魚、黑線鱈。

二〇一〇年，約翰出版了一本書，聲稱中國的淡水短吻鱷是中國龍的靈感來源。當他的同事開始清點這個物種時，發現只剩下大約一百五十隻成年的野生短吻鱷，棲息在揚子江畔安徽省內的小池塘與後院。

七千萬年來，鱷魚在冰河時期和隕石雨中逃過一劫。如果你在橫向座標以一百萬年為單位，畫出鱷魚總數的曲線圖，會發現他們的數量起起伏伏；大約每一百萬年就有一個特別的物種因為自然原因滅亡——但是在二十世紀卻是鮮明的直線下降，跟大部份的動物物種一樣。人類侵略他們的棲地與覓食場，我們渴望皮靴與皮包，對於這些「最醜陋」的表親既無知又惡毒。在我們這個年代，只要少數人就可以製造出威力相當於一場隕石雨的炸彈，簡單的時尚流行就能變成動植物的大瘟疫。

科學家已經指出：我們正在經歷地球史上動物物種的第六次大滅絕。前面五次分別如下：

四億四千四百萬年前，奧陶紀（Ordovician）結束。
三億七千五百萬年前，泥盆紀（Devonian）結束。
兩億五千一百萬年前，二疊紀（Permian）結束。
兩億零一百萬年前，三疊紀（Triassic）結束。
六千六百萬年前，在白堊紀（Cretaceous）與古第三紀（Paleogene）之間。

第六次大滅絕從近代開始，即全新世，也就是從一萬一千年前巨型動物絕跡後才開始的人類世代；不過近幾十年來，速度加快。我們的消費習慣會產生像火山爆發般的影響，我們的時尚潮流會造成比地殼移動還要激烈的衝擊，我們的慾望猶如地震。我們生活的這個時代，是少數幾個人就能決定地球上最強壯，最有力的捕獵動物——我們這個年代的龍——是死是活。

雖然出生在紐澤西郊區，但是約翰及其在國際野生生物保育學會（Wildlife Conservation Society）的同儕卻影響了這個物種的六千萬年演化史，阻止了他們最終的滅絕。你需要擁有一種特殊的性格才能做這份工作。鱷魚通常都生存在濕地和沼澤，大多都在低度開發國家內的窮鄉僻壤，在這種地方，任何類型的政府都有極大的權力。約翰必須爭取當地人的支持，了解他們的處境與面臨的難題，同時又要強化這些捕獵動物在自然界扮演的角色，說明捕獵動物其實在健康的生態系統中佔有舉足輕重的地位。如果他們是生態系統的一環，就不會從自然界拿走任何東西，反而有助於養分與原料的生生不息，維繫棲地永存。鱷魚捕獵身體衰弱的動物，避免族群過度繁殖和疾病滋生；他們在旱季時會在河川與沼澤挖洞，這些洞穴也對其他物種和植物有益。

約翰為人謙虛寡言，風趣機智，跟電視上那些與鱷魚搏鬥的魯莽猛男相去甚遠。他尊重動物，常說鱷魚是溫柔的動物，反駁一般人的偏見。他最熱衷的事，就是在夜裡划著獨木舟，到馬米拉瓦保護區，用手電筒照向沼澤地，看到數千隻眼睛在黑暗中閃閃發亮，還說世界上沒有什麼比那個更美了。他曾經跟我說過，其實鱷魚的行為更像鳥類，而不像蛇類或其他爬蟲類；他們會築巢，然後在巢裡產卵。眼鏡凱門鱷若是聽到即將破殼而出的幼子呼喚，就會立刻衝到巢邊保護他們，然後將卵含在嘴裡，在舌頭與牙齦之間滾來滾去，一個一個協助他們孵化，表現出母愛的溫暖。一旦幼子孵化出來，母鱷會將孩子叨進嘴裡，運送到安全的地方，有時候還要來回好幾趟才能全部搬完。接著，她會像絨鴨一樣，一直守護著孩子，直到他們能夠獨立。

雖然約翰的工作是保護瀕臨滅絕的物種，但是我卻從來不曾看過他疾顏厲色的指責他人，也從未看過他在網路上與人論戰；他必須接觸的人都不太受人矚目，更別說是出言挑釁了。他跟農民與獵人合作安排存糧、保護棲地與築巢地點；還要跟富有的地主、窮苦的農民和官僚體系打交道。其實，真正有用的論點，未必永遠都是經濟論述或者動物也有生存權這樣的哲學論辯；有時候，直截了當地談美，反而是最有力的論點：這個物種令人驚嘆的層面或是他的歷史；在民俗與音樂傳承中的角色；或者是讓人為之敬畏、恐懼和驚嘆的能力，讓人在野生動物身上感受到一種內在生命深不可測的深度。換言之，就是鱷魚的神話特質。這種動物是中國龍與讓青草變綠的埃及水神的原型。

人類為了填飽肚子、對抗饑餓與疾病，當然會對動物物種造成衝擊。但是問題是：人類似乎不知節制；他們不知道什麼叫做滿足，也不知道什麼時候超過界限。為了養活一大家子而擴大稻田面積，跟填平池塘，消滅池裡的魚、花和棲地，用來蓋商場與樂園，不可同日而語。至於剷平牙買加的雨林、淹沒冰島的山谷，只為了製造汽水飲料的罐子，那就更不一樣了。斯瓦塔（Svartá）水力發電廠在冰島是有爭議的，因為那裡是獵鷹與巴洛氏鵲鴨的棲地，還可以看到呱呱叫的丑鴨與海鱒。

打個比方來說，冰島人用掉十五兆瓦的電力來挖比特幣——一種沒有明確用途的虛擬貨幣；人們狼吞虎嚥地吃掉十二道菜的自助餐，然後再用羽毛放進喉嚨裡催吐，以便空出更多的空間，容納甜點蛋糕。在西峽灣區，有一片寶貴的高地高原就是為了增加五十兆瓦的電力而遭到摧毀。彷彿大家認為破壞就是目標，破壞本身就是目的；彷彿大家在問：「這個地方為什麼會在這裡？一個沒有人用的地方有什麼價值？」

老子的《道德經》是西元前四到六世紀在中國寫成的，大約兩千五百年後，也就是一九二一年，才在冰島出版，取書名為《*Bókin um veginn*》，也就是《大道之書》。我最喜歡書中關於無用的段落：

> 三十輻，共一轂，當其無，有車之用。
> 埏埴以為器，當其無，有器之用。

鑿戶牖以為室，當其無，有室之用。
故有之以為利，無之以為用。[20]

唯其空，才讓車輪得以轉動。整個二十世紀，我們都在要求地球要產生利潤，要它有更大的產出；於是我們填補了地球上愈來愈多的空白，然後稱之為常識。沼澤地有什麼用？為什麼有這麼多蒼蠅？我們不能消弭來自狐狸和鱷魚的競爭嗎？要保護一個地區，就必須做成國家公園或觀光景點；其目的必須可以衡量，最好是以國家公園直接創造的利潤、就業人口和周邊地區的商品和服務銷售增加多少來衡量。當人們討論到珊瑚礁時，他們講的都是珊瑚礁對漁業和觀光的重要性。藝術必須以銷售與交易金額來證明其價值。教育和科學必須根據他們創造的產品和工作機會來證明其存在的必要。不存在的東西都不會考量到它本身的用途；空，車轂上的洞，始終都受到衝擊，直到現在，整個生命之輪似乎都停止旋轉。

科學家曾經評估並預測地球上幾乎所有野生物種都在減少，不論是犀牛、海鳩、蝙蝠和海鸚、紅毛猩猩、熊、魚群或是北極凍土上的馴鹿，牠們在二〇一八至一九年的冬天，死了成千上萬隻。科學家也發現全球昆蟲數目突然減少。美國卡車司機

20 譯註：語出老子《道德經》第十一章，白話文解釋為：「三十條車輻需要先接到一個車輪中心的轂上，因為車轂是中空的，所以才能套上輪軸，造就了車的功用；揉和陶土來燒成器具，要做成中空狀，才能當容器用；房屋要鑿空門窗，才有房室的功能；所以，萬事萬物都是在『無』的狀態下才能達成『有』的目的。」

談到，以前開車，撞死在擋風玻璃上的蒼蠅會讓整片玻璃變黑，現在橫越整個美國，玻璃還是清潔溜溜。在德國一個保護區內做的研究顯示，百分之七十五的飛蟲似乎都已經消失了；這當然也會影響到其他生命形式。即使在人跡罕至、未受破壞的雨林，昆蟲的數量也在減少。說是「第六次大滅絕」或許太誇張，但是我們也許已經接近了一個看不到的黑洞。眼前一片荒涼景象，耳邊只是嗡嗡聲響，但是事實卻不會改變：我們正面對一個前所未有的任務。

當約翰及其同儕組成鱷魚科學家的國際網絡，集合眾人力量來拯救這個物種時，全球二十三種鱷魚有二十一個物種瀕臨滅絕危機；在生物學家採取行動之後，有很多物種已經慢慢復原，或者說至少已經開始了。到了二〇一〇年，根據《紐約時報》上一篇關於約翰一生志業的文章，只剩下七種仍然名列瀕危名單——令人感傷的是，這篇文章也是約翰的訃聞。

二〇一〇年二月十四日，我們接到約翰死亡的惡耗，年僅五十二歲。當時他才剛從烏干達到印度的新德里，準備跟本地學者一起研究尼羅鱷中一種罕見的侏儒變種。他到印度去跟當地保育恆河鱷的工作人員演講；恆河鱷在那裡生存了數百萬年，但是如今在自然河川環境中幾乎已經絕跡。我們都知道約翰的工作有危險性，但是他總是說鱷魚並不是主要的威脅，交通、食物中毒和瘧疾還要更嚴重。或許正是一個有抗藥性的瘧疾品種要了他的命。

我從不知道約翰是多麼受到尊崇；他也從不吹噓自己的成就。《經濟學人》替他寫了一整頁的訃聞，《紐約時報》也是。多虧他的努力，哥倫比亞鱷與中國的揚子鱷已經開始復原；而復育黑凱門鱷與印度恆河鱷的工作也正在進行。拯救一整個動物物種或許是一個人一生最高尚的一件事，但是一小群人就可以對有幾百萬年歷史的物種造成決定性的影響，也顯示我們的這個年代是多麼的特殊。今天有這麼多的物種瀕臨滅絕，讓一些生物學家覺得他們好像被選派上了諾亞方舟。全球各地都有人致力於拯救物種，希望他們在人類當代的消費與浪費大爆炸之後還能倖存。或許一個新的成熟期正慢慢浮現，讓地球上所有的物種都會受到尊重，享有生存與棲地權。

因為人類介入而造成動物物種的逐漸死亡是一件大事。一八四四年六月三日，在埃爾德島（Eldey）——冰島西南外海的一個小礁岩——最後兩隻大海雀遇害，此後在冰島就再也看不到他們的蹤跡。這種鳥的學名叫做 *Pinguinus impennis*，外形神似企鵝，我們若是擁有北歐企鵝，那不也是美事一樁？可惜那個時候的人沒有保護動物的習慣。一九二九年，鳥類學家彼得・尼爾森（Peter Nielsen）在《晨報》發表了一篇文章，討論最後兩隻大海雀及其死亡，隨後在冰島報紙上引發一場論戰。他在文中提到，因為這個物種愈來愈少見，對收藏家的價值也愈來愈高，到最後，漁民替歐洲收藏家捕捉海雀及鳥卵的收入，比他們在整個捕魚季賺的錢還要多，因此加速這個物種的滅絕。奧拉佛・凱蒂爾森（Ólafur Ketilsson）——他的父親長年被指控是殺了最後一隻大海雀的人——撰文反駁彼得，捍衛父親的名譽。彼得又再次回覆，提醒奧拉佛說，他在文中並沒有指名道姓，因為——

出於對亡者的尊重，以免傷害其家人朋友的感情，我並沒有提到這個人的姓名，雖然就是他殺了世界上已知的最後幾隻大海雀，或者至少可以說他很不幸地造成了他們的死亡。我認為這對社會大眾不妥，也沒有必要宣揚。

不過因為奧拉佛出面，彼得・尼爾森也趁機引用丹麥的報導，強調在一八四四年那個致命的六月天發生了什麼事：

如果報導無誤，我似乎沒有理由懷疑那個獵殺倒數第二隻大海雀的人叫做喬恩，而獵殺最後一隻的則是西古爾德——拿到最後一顆大海雀卵的人，那裡面很有可能都是滿滿的生命——牛頓教授說，那個人叫做凱蒂爾。因此說凱蒂爾就是殺死最後一隻鳥的人，也不是完全不可能！

根據《晨報》的報導，彼得．尼爾森出生於一八四四年，比最後一隻大海雀死亡只早了三個月又五天，所以他不太可能親眼看過這種生物。到了一九二九年，他已經八十六歲，還因病癱瘓臥床長達十九年，可是這篇文章顯示他依然頭腦清晰，文字也相當尖銳。他指出我們必須從這種鳥的命運學習教訓的重要性，因為海鵰與長尾隼也都走上同樣的路。一九二九年，經過多年的獵捕與騷擾，冰島僅存的猛禽已經寥寥可數。牠們不但遭到獵殺，農民也會破壞牠們的鳥巢。此外，農民會故意放置有毒的獸屍殺狐狸，但是鷹類也會吃獸屍，因此農民也在無意間殺死了很多、很多的鳥類，全都是為了保護羊群與絨鴨。彼得．尼爾森跟約翰舅舅一樣，都在為不受歡迎的捕獵動物辯護請命，牠們都會造成農民在感覺上與實際上的傷害。他在一九一九年的一篇文章中說：

自然界沒有什麼是沒有用的。鷹類絕對有其作用。對造物者的創作若有任何侵犯，都可能會造成意想不到的後果，只是一時還看不到。

一百年前，尼爾森及其同儕的警告，讓猛禽免於滅絕。然而，仍然有農民認為猛禽會劫掠他們的絨鴨巢，因此堅持要偷鷹卵，想要迫使牠們離開自己的領域。

當今的問題與一九一九年不同，在於我們習以為常的本土保育，只有在當地生態系統已經有某種一致性與平衡的情況下才會奏效——如果平衡真的適用於自然的話。動物與複雜的季節交替和諧共處，雨季與春澇、水溫的變化、花開花謝、蒼蠅與魚苗的孵化、魚群的迴游等等，自有一定的韻律與節奏；如果這樣的體系本身瓦解，如果氣候系統崩壞，如果平均溫度和海洋酸度上升，那麼個人也無力回天。就算海鳩與海鸚現在受到保護，但是在未來幾十年間，若是沒有食物供給，他們的數量還是會減少——直到最後完全絕跡，跟大海雀一樣。沒有必要拿某一位獵人來祭旗，根本原因不在於此。對造物者創作的種種攻擊，開始出現了令人不快的後果。

根據二〇一九年聯合國生物多樣性與生態系統服務政府間科學政策平台的全球評估（United Nations Intergovernmental Science-Policy Platform on Biodiversity and Ecosystem Services Global Assessment），有幾近一百萬種動物瀕臨滅絕危機。這份報告由來自五十個國家的一百五十位科學家共同完成，他們的結論意味著：如果我們將快速增加的棲地破壞、工業與農業污染、過度捕撈與開發全都加在一起，再加上氣候變遷的作用，我們真的有機會遭遇整個生態系統的大崩解。所有的因素都非常明顯的傷害地球至深，也對人類的未來造成負面的影響，因此這份報告的作者呼籲要立即採取行動。

全球暖化可以視為完全改變了自然界，整個生態系統的根本情況也隨之改變。世界的生態系統漸漸遠離赤道，往南北極和高山移動，以每天大於一公尺的速度逃離上升的溫度：在過去這十年間，南邊的魚群向北遷徙了七十公里，熱帶生物也漸漸北移，許多熱帶疾病也跟著遷移。我們在冰島海岸曾經看過從南方來的鯖魚，反倒是毛鱗魚消失了。某些動植物可以遷徙，也已經遷徙了，但是就算個別的物種遷徙了，複雜的生態系統也不可能在一個人的有生之年搬離原地。

要了解氣溫上升兩度對動植物的影響，我們可以仔細地觀察自己的身體。對人類來說，如果我們的體溫始終都維持在攝氏三十九度——只比正常溫度高了兩度——就會讓人受不了。這樣簡單的比喻可以充分說明若是地球溫度高了兩度，會發生什麼情況。已經適應某種環境的物種，會突然覺得熱、疲倦、虛弱，有些甚至還會死亡；其他的物種則將所有的能量都用於抵禦高溫，結果導致他們無法繁殖。攝氏兩度只是整個地球的平均上升溫度，某些地方的變化甚至可能超過六度，足以顛覆整個生物區的生命基礎。有些物種或許會遷徙，但是只要鳥類移棲孵化、植物開花結果的時間失調，整個生態系統就會像紙牌屋一樣崩塌。有時候，動物已經到了世界的盡頭，無路可逃。如果某個物種最理想的生存環境就是冰島的北部海岸，那麼要他們再往北遷移，就沒有那麼簡單了，因為再往北走，除了一片汪洋之外，什麼都沒有。

動物是地球的果實，就像生長在樹上的蘋果一樣。如果樹木凋萎，就不會結果。如果樹木遭到砍伐或是樹根壞死，那麼光是保護或保育蘋果也無濟於事。誠如阿尼・艾納森（Árni Einarsson）——他是保護米湖（Lake Mývatn）的專家——所說的：「我花了一輩子在培養鳥類和蚊蟲，藉以保護米湖的動植物，可是有人一來就改變了整個氣候，造成的風險就是可能一切努力都是白費工。」

在伯恩爺爺和佩姬出生的那個年代，可能有跟大海雀同時代的人可能還有人活著；在那個時候，凱蒂爾及其同伴的後代子孫仍然對先人殺了最後一隻大海雀感到愧疚。獵人當然不知道那是最後一隻鳥。這個世界只有後見之明，活在當下時總是看不清楚。如果我們現在知道了科學家的預測卻不採取任何激烈的手段，未來的世代也會因為第六次大滅絕對我們做出類似的評斷，我們的存在會因此蒙羞，而我們留下來的故事也會因為這些後果而變得沉重。我們知道會發生什麼事。我們全都是凱蒂爾。

14 現代神話

「你在寫什麼？」媽媽問。她跟爸爸去打高爾夫球才剛回來。雖然外面還不到攝氏六度，她卻只穿了一件粉紅色的無袖運動衫。

「我在蒐集故事，」我答道，「去瓦特納冰川度蜜月、伯恩爺爺在美國的故事，還有關於鱷魚的故事。」

「你至少可以提一下你還有父母吧，」媽媽說。她倒也不是真的生氣，不過我可以感覺到她語氣中有一種被動攻擊的情緒，覺得有點愧疚。

於是我開始想：祖父母到底是什麼？

我們可以說，神話始於對祖先的崇拜——將祖先放到神壇上，美化他們身上每個人都會有的缺陷和難處。我們有一整個行業的專業人士協助我們釐清親子關係，父母親做的每一件事都成了心理分析的材料。太過親密、太過冷漠，父母親一方的缺席造成了問題，失去父母親任何一方都是沉重的打擊。可是如果你有祖父母，恭喜你，你很幸運，就是這麼簡單明瞭——就算沒有，也不成問題。他們還在可以帶給你無限的東西；但是如果他們不在了，也不會被視為某種損失。我們跟父母親的關係經常都是心有千千結，但是跟祖父母的關係通常都很簡單。祖父母在孫輩的心目中都是英雄、半人半神的角色，徒留父母親抱怨：「是啦，你覺得她棒的不得了，可是其實母親也不是完美的……」

我的祖父喬恩．彼特森（Jón Pétursson）跟我的外祖父伯恩爺爺，過著完全不一樣的人生。他並沒有特別追求什麼事業或是物質上的報酬，反而花更多時間在社會議題和理想上。他在五十歲那年，婉拒了雷克雅未克水利局（Reykjavík Water Utility Board）的一份固定工作，只為了一年有四個月的時間，要跟蒂莎奶奶去冰島東北角海岸邊的梅爾拉卡斯列塔（Melrakkasletta），住在他的祖先曾經住過的廢棄農莊；他們在那裡養絨鴨，釣鱒魚，過自己的生活。他在二〇〇六年過世，我很後悔沒有多訪問他幾次，不過那個時候，我滿腦子都在想著高地。喬恩爺爺在冰島引進第一輛汽車的十五年後出生，那時候還沒有收音機，他們一家人吃的東西都是自己捕來的或是在自家田裡種的；他們養羊、擠牛乳，還會去捕獵鱒魚和海豹。他小的時候，家裡唯一買來的東西，大概只有糖、麵粉和咖啡。

有一次，我們坐在他家的小廚房裡——那是位於雷克雅未克的特加葛迪區（Teigagerdi）的一棟房子——他跟我說到二次大戰期間，他們載著滿船的漁貨航海到英格蘭的黑池（Blackpool）。他們的漁船屬於受到軍艦保護的護航船隊，航行時燈光要全亮，而且不論在任何情況下都不能停下來，因為德國潛艇會不斷地攻擊船隻。就算發生了什麼事，他們都還是要保持全速航行，救援工作要留給軍艦去做。有一天早上，他們在霧中航行在風平浪靜的海上，經過一艘沉船的殘骸，看到海上有一塊白點，後來才發現那是漂浮在海面的護士。聽到他這樣說，我心頭為之一驚，但是他並沒有多做解釋。那個時候，他的身體已經很虛弱，腦子也經常糊塗不清；我始終都不知道那群護士是死是活，或者她們為什麼會掉落海中，是否有醫護船被擊沉。我不確定這是夢是真，但是這個意象卻深深烙印在我的腦海裡：在霧中全速前進，穿過一群漂在海上的護士。或許這正是喬恩爺爺會做的事；有時候他會背誦一首名詩，然後問：「這是我寫的嗎？」接著就是一陣爆笑。然而，除了那些護士之外，他卻沒有講過其他類似的話。我決定去問我爸爸知不知道這個故事，但是他甚至不確定喬恩爺爺在戰時是不是真的出海航行過；姑姑也不確定。隨著時間流逝，事情都會被淡忘，如果你不曾認真的去問，然後寫下來或是記錄下來，下一代就會失去這些記憶。

伯恩爺爺則是到了九十八歲還是什麼都記得。我問他在一九七〇年的一次手術，他都還記得是哪位醫生將病患轉介給他。他的手足也有不平凡的故事。他的姊姊艾恩狄絲・瑟布賈納多迪爾（Arndís Thorbjarnardóttir）出生於一九一〇年；她在二十歲時，前往牛津，替一位年輕的中世紀文學教授照顧小孩。當時他還沒沒無聞，為了取悅他最小的兒子克里斯多福，正在寫一本他稱為《哈比人》（*The Hobbit*）的書。

我跟艾恩狄絲相處的時間不多，大約在世紀交替之際，伯恩爺爺返回冰島探親，我們到雷克雅未克一家叫做格倫德（Grund）的老人安養之家去探望她。她跟我說托爾金的家庭生活相當無趣，他太太在牛津過得很不自在，處在高等教育份子的社會讓她感到有點自卑；她有很多從未穿過的衣服，還有一台從未彈過的鋼琴。家裡多了一名年輕女子，還跟她丈夫嘰嘰咕咕地說起精靈語，讓她覺得不高興；他想學冰島話，也讓她不高興。艾恩狄絲跟孩子們講床邊故事，講的都是冰島的習俗，巨人與惡魔的故事，冰島的精靈或「隱匿族」，還有講火山和住在草皮屋的生活。她跟我說，托爾金叫她開著房門，讓他坐在門外的走廊上聽故事，但是女主人卻不接受。克里斯多福是個精力充沛的小傢伙，艾恩狄絲負責照顧他，教他玩冰島遊戲、唸冰島詩。她跟我說，當她讀《哈比人》時，裡面有好多內容都覺得很熟悉。

我可以想像托爾金啣著菸斗，坐在書房，聽著窗外花園裡傳來嘰嘰喳喳的歌聲，是艾恩狄絲帶著孩子們在唱歌、跳舞：

Í grænni lautu
thar geymi ég hringinn,
sem mér var gefinn
og hvar er hann nú?

托爾金要艾恩狄絲翻譯這首歌，她說：「在綠色的洞裡，我藏了一枚戒指，那是要給我的，現在到哪裡去了？」

回到國內，冰島正在蓬勃發展，儘管有經濟大蕭條，樂觀與進步的浪潮正席捲整座島嶼。一九三〇年的夏至，在辛格韋德利（Thingvellir）的議會即將要歡度一千歲生日，慶祝活動已經籌備了五年。丹麥國王克里斯蒂安十世（Kristján X）要來替慶祝活動揭幕，載著瑞典和挪威王室成員的軍艦也會航向冰島。

艾恩狄絲住在二十世紀一個最偉大神話的誕生地，但是她卻匆匆忙忙地趕回冰島家鄉，因為她不想錯過什麼精彩的活動。相較於辛格韋德利的盛大活動，留在牛津聽起來確實像是住在沉默的哈比人洞穴中，因為前者更像是直接從《魔戒》書中搬出來的場景：王室成員聚集到火山島上最神聖的地方，慶祝議會成立的一千周年，精靈族少女飛奔回家，共襄盛舉。

我從未見過他們的兄弟波爾，他是史卡特菲林格號（*Skaftfellingur*）的船長，那艘船停泊在韋斯特曼群島（Westman Islands）的港口，在戰爭期間，跟著漁貨船航行到英國。船上的船員始終都在警備狀態，不只是因為海裡到處都是水雷，還有德國潛艇和飛機持續大量屠殺冰島水手。一九四一年，當拖網漁船佛羅多號（*Frodo*）遭到無情攻擊，被炸成兩截時，史卡特菲林格號就是第一個前往馳援的船艦；當時船上有五名水手罹難，德國飛機甚至還對著救援船上沒有武裝的水手開火。

一九四二年八月，史卡特菲林格號獲知前方海域有一個半沉在水底的隆起物；結果赫然是一艘受損的德國潛艇。他們可以看到驚惶失措的船員吊掛在潛艇的瞭望

20 Northmoor Road

Oxford

塔上，船身正緩緩下沉。史卡特菲林格號只有七名船員，共用一把手槍，但是他們卻救起了五十二名德國潛艇上的船員。波爾將德國人交給英國海軍時，受到對方的質問；英國水手就是無法理解他們何以如此大膽，為什麼不讓潛艇沉下去就算了？五十二名壯漢，他們可以輕而易舉地控制這艘漁船，駛回德國。有時候我也會懷疑：這究竟純屬善心之舉，抑或只是因為韋斯特曼群島的水手自己都曾經面對滅頂死亡的威脅，所以無法眼睜睜地看著年輕的生命垂危卻袖手旁觀，這種事情無法想像，更不能任其發生。

這世界上到處都有故事；也有太多的故事消失在霧中。要蒐集一生的故事，就得花費一生的時間。我問伯恩爺爺，從他出生之後，世界上哪一段時間發生的變化最引人注目？

他毫不遲疑地說：「過去這十年。」

伯恩爺爺一生多彩多姿，見多識廣：他出生在比爾德達勒，在當地的原始蒸氣船上捕過鯡魚；年輕時當醫生，曾經騎馬走遍西峽灣區，探視病患；後來他奔向世界，一頭鑽進紐約的大漩渦，還跟伊朗革命扯上關係，甚至連普羅米修斯都躺在他的手術刀下。伯恩爺爺見過了許多大場面，但是他仍然說「過去這十年」的變化最大。也就是指電腦、網路、基因科技、社群媒體、資訊科技、用 Skype 跟孫子講話。驀地裡，我覺得自己好像不曾錯過什麼。讓自己迷失在古老的故事裡，同時卻忘了留意你自己的當下——尤其是未來——那也太諷刺了。

如果我們將度量衡與資料納入考慮，從統計學的角度來說，伯恩爺爺說的並沒有錯。在一個許多地方的變化都以幾何級數成長的世界中，過去這十年的改變，確實比整個二十世紀都還要更多。在二〇〇〇年，全世界的汽車年產量約有五千八百萬輛，現在已經有一千萬輛；全球有一半的塑膠產品是二〇〇〇年以後才生產的。

從十九世紀中葉開始記錄氣溫以來，年平均溫度最高的八年，全都出現在過去這十年間。從世紀交替以來，冰島冰川退後的距離比過去一百年還要多。這正是我們要留意現在的原因。最大的變化就發生在我們這個時代。

15 北緯64度35分378秒，西經16度44分691秒

胡爾達奶奶與阿尼爺爺的結婚照，放在他們位於海拉德貝爾區的房子裡客廳的一張小茶几上。他們站在華納達爾斯赫努克火山（Hvannadalshnúkur）前，眼睛望著地平線；那是冰島的最高峰，標高 2,119 公尺。那是冰島冰川研究學會在五年前成立之後的第五次探勘。

他們在一九五六年五月二十五日星期五結婚，隔天就與一個有九輛車子的車隊會合，其中包括三輛雪車和一群精力充沛的旅伴。高山駕駛古德蒙都．喬納森與地質學家西古德爾．索拉凌森（Sigurdur Thórarinsson）博士事先已經駕駛飛機到瓦特納冰川上方勘查，評估路徑是否可行；即便如此，移動的冰川和火山活動還是很容易讓探險隊脫離正軌。那是一次很大的行動，他們準備了足以在冰川停留三周的食物。

那個時候，瓦特納冰川跟大部份的高地一樣，都還是一塊無人知曉、沒有名字的處女地；只有極少數人曾經爬上過冰川。有少數幾個探勘團隊上去做過研究，但

是並沒有人定期勘查或研究冰川的累積、厚度和性質——至少在冰島冰川研究學會開始定期的春季探勘之前沒有。

我的祖父母住在一個雙人帳篷裡，忍受連續三天的暴風怒吼，吞噬整座帳篷，也就是說，他們哪裡也不能去，只能待在帳篷裡等候暴風過去。等到最後終於有人來將他們剷出雪堆時，只剩下帳篷最頂端露出雪堆，閃閃發亮。我曾經問他們在裡面會不會冷。「冷？」他們有點生氣地回答，然後又笑了起來。「我們可是新婚夫妻呢！」

我問這問題時只有十一歲，有好長一段時間都不懂這答案的邏輯。剛結婚怎麼會讓人暖和呢？

克韋爾克火山山脊的最高峰在當時還沒有命名。西古德爾·索拉凌森博士在《冰川》雜誌——冰島冰川研究學會出版的期刊——發表了一篇關於此行的文章，裡面寫到了這座無名的地標：

> 我們爬上了這個無名的邦加——也就是隆起或圓形的高地——聳立在克韋爾克火山山脊（Kverkfjallahryggur）的東北部，與克韋爾克火山之間隔著谷撒

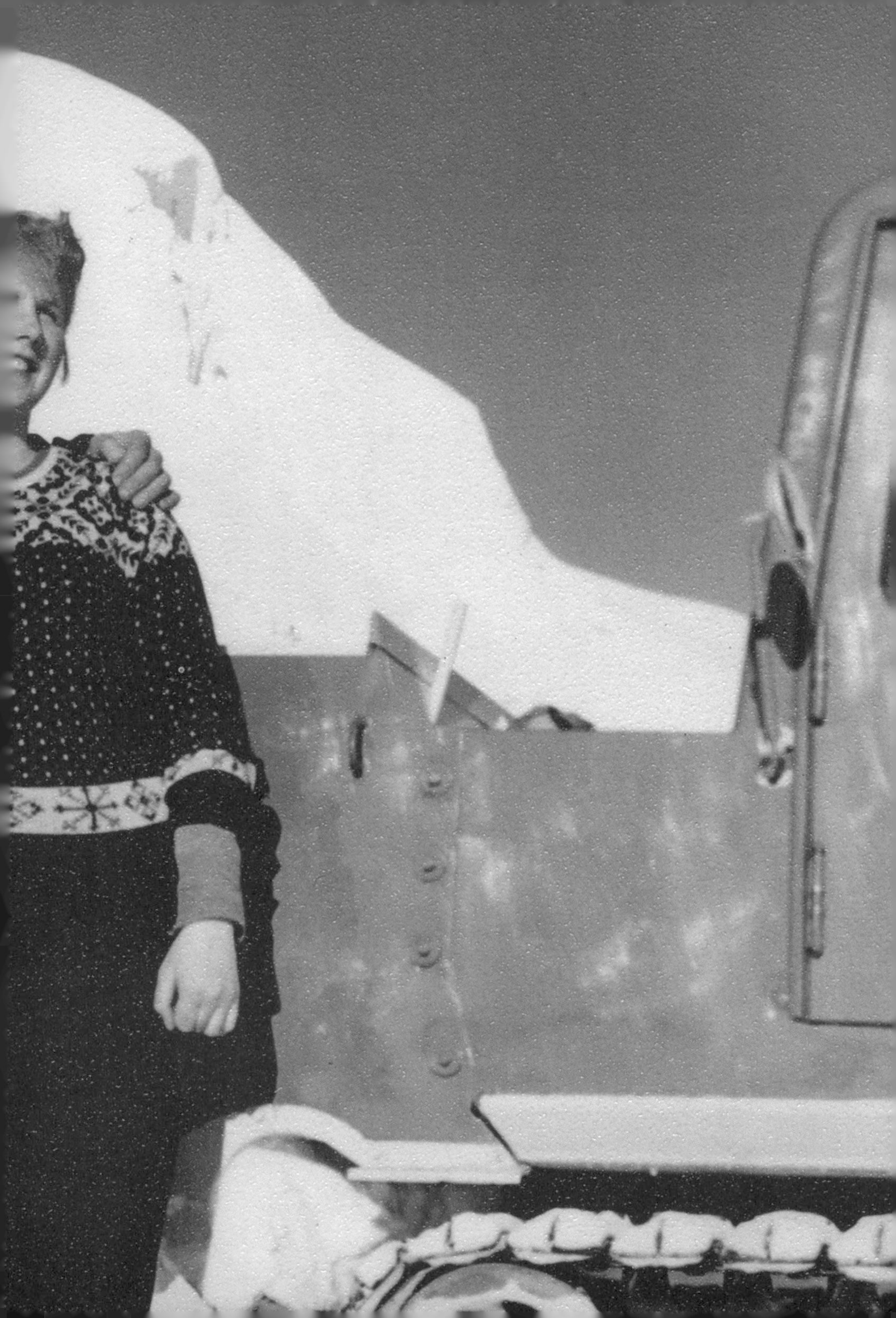

斯卡山（Gusaskard）。此行，我兩度以氣壓計測量這座高地與更東邊的克韋爾克火山之間的高度差，根據測量，這座高地約 1,760 公尺，谷撒斯卡山則低了 60 公尺。我們一起決定稱呼這座高地為布魯達高地（Brúdarbunga），希望這個名字能夠保留下去，除非有人很快又找到另外一個名字。

布魯達高地的意思，就是新娘的高地，根據地圖顯示，標高 1,781 公尺，在冰島高山中排名第十五。它的正確座標經緯度為：北緯 64 度 35 分 378 秒，西經 16 度 44 分 691 秒。

這個團隊在前一年搭建的山中小屋溫暖又舒適，黑色的小屋有紅色的屋頂，可以容納二十人在裡面過夜。他們看到小屋熬過了氣候惡劣的冬天都很開心，事實上，那座小屋都今天都還在，在瓦特納冰川圓周的西側，周遭都是黑沙、火山泥堆和冰川的沉積物。冰川世界小屋的賓客留言簿裡，你可以看到以下這則留言：

一九五六年五月二十七日

蜜月旅行，勘查之旅，挖雪洞之旅，搭建飛機跑道之旅。二十五人參加，五分之一是女性。在前述日期——三位一體節——的中午之前抵達，我們在五月二十六日下午四點二十五分離開雷克雅未克，有兩輛重型車，由古德蒙都・喬納森駕駛的履帶雪車「谷西」（Gusi），還有另外六輛汽車。一路東行到通納渡口，沿途都下著大雨；我們在二十七日的前一天晚上五點半到達那裡。兩個小時後，我們就帶著所有的裝備過了河，一路開上冰川世界，都是晴朗的天氣。一路的天氣都算晴朗，但是我們還是差一點就到不了：我們抵達喬蘇火山（Ljósufjall）山腳下時，可以說積雪仍然阻斷了路徑；如果我們在這個季節早一點來，道路就真的是雪封了。我們就是在那裡稍微耽擱了。

探險隊的首要任務就是在小屋的棚舍區替新婚夫婦搭一張有軟墊的床鋪，根據非常科學地探勘過小屋的人說，那裡的地板最結實。

喝過熱湯之後，全體隊員全都躺平睡著，大部份的人都足足睡了六個小時，直到聞到食物的香氣才醒過來。五名女隊員與畢優希替大家準備了美味的午餐。那天稍晚，有人起哄，要向新婚夫婦敬酒，大夥兒一起乾杯、甜蜜

> 地唱著感傷的歌。當伍爾法・杰考布森（Úlfar Jakobsson）唱起露骨的情歌時，新娘子恰如其份地羞紅了臉；許多人講話祝賀新人，慶祝會成功圓滿。在慶祝會結束時，大家異口同聲地說，衷心希望這不應該是冰川世界小屋裡的最後一次蜜月。從現在開始，這裡永遠都有一張結實的床留給新婚夫婦！你可以說，這間小屋正適合這個目的……
>
> 簽名　喬恩・艾索爾森（Jón Eythórsson）

我將這一段留言唸給祖父母聽，聽到地板最結實的部份時，二老咧嘴一笑，像是一對青澀少年。我九歲和十一歲的女兒也坐在我們旁邊，她們聽不懂這個笑話。

根據留言簿的記載，一九五六年春季冰川探險隊的任務如下：

1. 勘查需要設立地標的地方，包括索爾達希納火山（Thórdarhyrna）、克韋爾克火山東部、格倫迪爾（Grendill）、華納達爾斯赫努克火山，以及斯維亞努克（Svíahnjúkur）的東部和西部。
2. 盡可能的測量各地的降雪量和冬天的積雪，愈多愈好。

3. 如果情況許可，應該要從伊蘇山（Esjufall）取得雪橇，檢查冰島冰川研究學會在那裡的小屋。

4. 如果情況許可，要讓五女一男的遊客盡量橫越冰川，走愈遠愈好，但是不必要求他們一定要走到每一個設立勘查地標的地點。

旅行團領隊古德蒙都・喬納森有個綽號，叫做「葛林斯瓦特區市長（Mayor of Grímsvatnahreppur）」，他負責開著被暱稱為「谷雪」的雪車，也負責操作無線電和電話，與外界保持聯絡。地質學家西古德爾・索拉淩森負責測量雪量；主廚和總務是阿尼・賈塔森；另外一名廚師是胡爾達・辜德倫・菲利帕斯多地爾。歐拉法・尼爾森（Ólafur Nielsen）負責駕駛綽號「怪獸」的雪車；豪庫爾・海夫里達森則駕駛「冰川一號」。同行的還有胡爾達的好朋友英吉碧・阿爾娜多蒂爾（Ingibjörg Árnadóttir）和知名的美國登山家尼克・柯林奇（Nick Clinch），他同時也是律師，替克夫拉維克空軍基地（Keflavík Airport Base）的空軍工作，後來他登上了無人能及的熔岩流山（Hraundrangur），也攀登過世界上許多超難攀登的山，並且將他的冒險經過寫成了書。

這個探勘團從冰川世界小屋到克韋爾克火山，幾乎橫越了整座冰川；他們在選定的地點挖洞，測量積雪深度，然後在探勘的山巔設立地標。在華納達爾斯赫努克火山的山頂，他們放了一個兩公尺高的木桶，讓旅客可以站得比全國最高峰還要高兩公尺。有時候，他們什麼都看不見，只能靠指南針與測高儀前進；以當年的科技來說，他們橫越的距離已經很驚人了，畢竟在那個時候，大部份有危險裂縫的地區都還沒有適當的在地圖上確切標示出來，有些甚至還沒有發現呢。冰川最深處可達一千公尺，整整一公里的冰塊。無線發報器的收訊不良，所以他們只能在不確定有沒有人能夠聽到的情況下跟外界聯絡。旅程相當艱難，他們在廣濶的冰川中走到一半，發現攜帶的汽油量不足，只好加速腳步，救他們自己一命：

六月十日，我們四人試著去格林斯瓦特找汽油，但是因為缺乏燃料，雪車「臭鼬」只走了五公里，之後我們就只能滑雪前進了。這一路簡單像是煉獄，天氣也糟透了。我們能夠在沒有補給的情況下，在雪地裡掙扎滑行了三十五公里，還安然回到營地，簡直是太僥倖了。我們若不是靈機一動，沿路每隔一小段距離就堆石堆做路標，可能根本就回不了營地。

我放了一段影片給胡爾達奶奶和阿尼爺爺看，是阿尼爺爺在蜜月期間用十六釐米膠捲拍攝的影片。其中一個鏡頭是在山下拍的，另外一個則是一行人踩著滑雪板，用繩子拉在雪車後面。那是一段令人著迷的時光，充滿了冒險犯難。我問他們會不會擔心冰川中央有缺口或是裂縫。

「我們有一個充做廚房的帳篷，在裡面挖了一個洞放置食物殘渣和廚餘。我們始終搞不懂那個洞為什麼永久都填不滿，原來我們是在一個四公尺深的缺口上方紮營！」胡爾達奶奶笑著說。「在那幾次旅程中，我們一個人都沒有少，還真是走運。都沒有發生什麼事重大的意外。」

「你們都沒有迷路嗎？」

阿尼爺爺想了一下。「沒有，我從來沒有迷過路。我在山裡時，天候狀況有可能變得很糟糕，甚至到了連自己身在何方都不知道的地步，但是你也沒有辦法，就只能挖個雪洞，靜靜地等候惡劣天氣過去，有時候一等就是好幾天。如果沒有人在等我回去，就不會有人開始找我，所以我也就不算迷路。只要天氣一放晴，我又可以繼續走下去。」

「掛在雪車後面讓它拉著我們走是最好的事了，」胡爾達奶奶說。「我們滑雪下坡時，就可以這樣做。有一次，我們就是這樣從克韋爾克火山一路滑降到冰川世界小屋，總共有九十公里。除了阿尼跟我之外，其他人都放棄了。」

「可是你們不會想重返冰川嗎？」

「會啊，」胡爾達奶奶說。「我是很想回去，可是阿尼這一陣子身體不舒服，不適合去冰川。」

「現在有那些怪獸雪車，要上冰川太容易了，」阿尼爺爺咧著嘴，笑著說。「事情變得太容易，就不好玩了。」

「奇怪的是，」胡爾達奶奶說，「每到春天，我就可以聞到冰川的氣息，就知道我渴望回去。」

「冰川的氣息？」

「對，就是冰川！只有親身經歷，才能形容那種氣味。當你登上瓦特納冰川時，所有一切都會消失，你也會忘記一切。一片無垠的廣袤大地。一個絕對純粹的夢境。」

古德爾・索拉凌森在《冰川》雜誌中寫到這趟旅程時，也討論到他們團隊所做的研究：

瓦特納冰川探險隊在最近幾年做的測量工作始終沒有完成。等到所有測量工作都大功告成之後——冰川厚度測量、三角測量、積雪測量和葛林斯瓦特地區的變化觀測——我們希望能夠滿足我們對本國最大冰川的基本了解；但是十有八九，這一大片冰川可能永遠都研究不完。

當冰島冰川研究學會剛開始展開探勘之旅時，大家知道冰島的冰川是**活的**。冰川的定義是會因本身重量擠壓而產生移動的大量冰塊；因此，冰川是半流動性質的，而最大的冰川就像是某種傳輸帶：冬天的雪在堆積地區集合之後變成了冰，然後經由注出冰川慢慢地流入山谷，在那裡融化。健康的冰川是處於平衡狀態。它累積了多少雪，就會傳輸多少水出去；它的輸入量與輸出量的相同的。在冰島，冰川的特殊之處在冰與火的相互作用，由於冰川底下的火山爆發，形成一種「冰川奔流」的現象：大量危險的冰川洪水瀑發，可以在短時間內，累積到亞馬遜河的水量。

一架降落在冰川的飛機，正好是理解冰川學的最佳標準。阿尼爺爺及其同儕挖出來的那架飛機降落在冰川一年後，就埋在數公尺深的積雪裡。長此以往，它可能會埋得更深，然後隨著冰川的流動而緩慢地往下一個注出冰川移動；或許過了一千年後，它會變成冰舌的一部份，重新浮現。融解崩落至冰川湖（Jokulsarlon）的冰，就是一千年前當冰島開始殖民時，落在瓦特納冰川的雪。

二〇一九年，瓦特納冰川的面積約為八千平方公里，佔冰島總面積的百分之十；總冰量為三千兩百立方公里，如果平均分配到整個冰島，等於全國都要覆蓋在三十公尺厚的冰層底下。冰川學家海爾吉．比約松恩（Helgi Björnsson）跟我說過，瓦特納冰川蘊藏的水量相當於整個冰島二十年的降雨量；如果融化的話，全球海平面會上升一公分。而預測中海平面上升一百公分，意味在未來一百年內，全世界會有一百座瓦特納冰川消失。瓦特納冰川在二十世紀，所以已經導致海平面上升一公釐。

五百多年來，瓦特納冰川穩定增長，其高度在我們所說的小冰河期——也就是十六世紀到十九世紀發生在北半球的區域性現象——達到最高點；但是現在，就在短短一百年間，因為全球暖化在全世界造成的影響，過去所有的累積似乎都往反方向發展。自從世紀交替以來，瓦特納冰川已經減少了百分之四，以每年少半公尺的速度變薄，那就相當於一百立方公里的冰。在冰島的其他冰川，如朗格冰川（Langjökull）和荷夫斯冰川（Hofsjökull），後退的速度更快；據估計，斯奈菲爾冰川會在二〇五〇年完全消失，屆時，奧克冰川（Okjökull）早就已經不復存在。在冰島，奧克冰川是第一個正式喪失冰川地位的冰川；原本五十平方公里的冰帽，現在只剩下一平方公里的死冰。瓦特納冰川的均線在一千兩百公尺，在這樣的高度，冰川就能自己維持下去；但是如果大部份的冰川都落在這個標準以下，積雪就不再繼續，如此一來，就會顯著的加速融解。這樣的變化是不可逆的，除非有更寒冷、更嚴酷的氣候出現。假設一架飛機在冰川上降落，遭到冬天的積雪掩埋，那麼在隔年夏天的積雪融解之後就會出現，而不會愈埋愈深。冰川消失後，冰島還剩下什麼？土地嗎？

冰島冰川研究學會是個了不起的組織，因為裡面不只有地質學家、科學家和其他人從事冰川領域的研究，還有來自社會大眾的業餘科學家和志工，組成一個社群。對窮國來說，像這樣有好多人、長達三周的探勘行程，若不是集結眾人之力，是不可能成行的：科學家、登山愛好者、喜愛冒險隊的卡車司機，還要有能幹的建築工人，才能在冰川上搭建避難小屋。多虧了這些來自社會大眾的愛心人士，才能讓科學家達成他們的目標，而科學家又反過來讓這些人的付出更有深度與意義。其實，大部份的工作都是由志工完成的（雖然也有一部份是由國家土地測量局和冰島水力地質測量局贊助的）。幾乎是同樣的一群人，也成立了陸空搜救隊：登山和戶外活動愛好者，放下手邊的工作和家庭活動，趕赴意外和自然災害現場救災，或是搜尋失蹤的人。冰島人從來就沒有這樣的資源來贊助整個救難隊，全靠志工發揮力量。

冰島冰川研究學會的春季探勘始於一九五三年，胡爾達奶奶與阿尼爺爺持續參與探勘活動，直到一九七〇年代。探勘隊的測量涵蓋了六十餘年，可以跟氣象資料和科學家對地球未來的預測相結合。

一九五八年，查爾斯．基林（Charles Keeling）開始定期測量夏威夷的茂納洛亞火山（Mauna Loa volcano）空氣中的二氧化碳含量；測量的結果顯示，當地空氣中的二氧化碳含量快速增加。在工業革命之初，二氧化碳比例約為 280 ppm；到了一九五八年，工業化已經造成了顯著的增加，提高到 315 ppm，這已經是幾十萬年來的最高記錄；現在，我們已經到了 415 ppm，還以每年 2-3 ppm 的速度增加。近年來的暖化現象和瓦特納冰川的反應，已經明確的指出在未來這幾十年間會發生什麼事。

以地球溫度上升的情況來說，瓦特納冰川的主要注出冰川會在未來五十年內消失；就連瓦特納冰川本身，也會在一百五十年內，幾乎完全消失。如果地球的平均溫度以攝氏兩度以上的速度增加，冰川消失的現象會發生得更快。在我祖父母出發前往冰川探險時，冰川是偉大與永恆的象徵，就像是海洋、山脈和天上的雲。一九五五年，冰島境內有許多注出冰川的位置都比他們在世紀初的位置要退後一些，但是瓦特納冰川依然不動如山，像個永恆的白色巨人。瓦特納冰川變動的規模是以百年、甚或千年為尺度；不過現在，卻是以人類的尺度計算：一百年縮減百分之十是高速；一百年縮減百分之百則是災難。如今，巨大的注出冰舌每年退後數十甚至數百公尺。像瓦特納冰川會在一個人有生之年消失的地質現象，已經超越了人類的理解範圍。這樣龐大的規模消失在廣大的嗡嗡聲響之中。

二〇一九年春天，沒有人能夠從冰川世界小屋走到瓦特納冰川；這是有史以來的第一次：

從一九五三年起，冰島冰川研究學會每年都會舉辦春季探險，在大部份的時候，都是從西側出發，經過冰川世界小屋和通納冰川，登上瓦特納冰川……但是通納冰川後退太多，導致冰川前方地區的地上積水，車輛無法通行。今年春天沒有找到可以通行的替代路線，這是春季探勘實施六十六年來，第一次發生這樣的事。這樣的變化是全球暖化的直接結果。通納冰川跟其他的冰川一樣，都快速後退，露出原本在冰川下掩埋了至少五百年的地面。

看了阿尼爺爺在冰川上拍攝的影片，我曾經跟他說，他應該多拍一些胡爾達奶奶的畫面，因為我認為，她只有年輕一次，而冰川與風景則是永遠都有機會可以拍。但是我錯了。原來，冰川的壽命跟人一樣轉瞬即逝。阿尼爺爺拍攝的影片記錄了再也維持不了多久的風景。如果我最小的女兒活到她曾祖父的年紀，那麼她到二一〇三年都還會活著，想到那麼久遠以後的事，聽起來純屬科幻小說的臆測。但是到了那個時候，斯凱歐阿爾冰川（Skeidarárjökull）早就已經消失，朗格冰川則幾乎完全消失，荷夫斯冰川也是一樣。

原本冰川碰觸到天空的地方，屆時就只剩下天空。我們的孫輩就只能看著舊地圖，想像著用冰做成的山，努力理解其性質：一千公尺高的冰塊填滿整座山谷？他們在腦子裡畫線，將群峰連接起來，想像著讓全世界最高的大樓都相形見絀的冰川。他們會指著天空，說：「營地就在那裡。在那裡，就在雲的下面。有兩個人在那裡度蜜月。」

16 宇宙之母，其白如霜

喜馬拉雅山區是四萬六千條冰川的故鄉，有些藏身在全世界最高的山脈裡，許多冰川都位在海拔八千公尺以上。這些冰川散落在深山裡，陡峭的山壁下藏著深豁與圓谷。整體而言，喜馬拉雅山的冰川約莫是冰島冰川的四倍大，涵蓋面積約為四萬平方公里，但是體量卻跟冰島冰川非常接近，約四千立方公里。

冰島冰川在許多地方都深及海平面，你可以想見，這樣的冰川對氣候變遷會比在喜馬拉雅山上的冰川更敏感。然而最近的研究顯示，高海拔的冰川原本處於看似永恆的冬天，不過退後的程度卻與冰島冰川相去不遠。從冰川的表面研判，無法看清事情的全貌，因為冰川的厚度以每年一公尺的速度減少。喜馬拉雅山上注出冰川的冰舌退後，導致冰河磧石脆弱，在其後方形成的冰河潟湖不穩定；這些冰磧石破裂後，形成巨大洪流，對下游靠近河川的城鎮村落造成傷亡。

隨著冰島的冰川退後，冰川的水流量增加，從短期而言，對控制水力發電的能源公司是好消息，但是等到水流量再次減少，就等於依賴降雨了。冰川會影響氣候體系，使降雨減少，讓大部份的雨水都降在較大冰川的南側；一旦冰川消失，雨水就可能會降在較北的地點。以喜馬拉雅山區為例，在未來幾十年間，冰川水流量也預期會增加；但是問題是：冰島大多數的河川流速都很快，一下就流進海洋，而喜馬拉雅山的河川卻攸關數十億人口的生計，更是從山上開墾到河口海灣之間生物圈多樣性的基石。若是冰川融化導致水流量增加，可能會出現繁榮的假象，就好像把所有的錢都從銀行裡領出來，或是在冬季的第一個月就將過冬的存糧全都吃光一樣。水流量短暫增加，從表面上看起來有助於改善生活品質、土壤植被、地表水況和水力發電量，然而其中卻包藏禍害——最後終將導致數十億人生活無依。一旦冰川消失，就會出現另外一個比較難搞的體系，其特徵就是季風季節會有過多的雨量，而旱季卻又缺水——而且因為溫度上升，旱季會愈來愈長，也會愈來愈極端。冰川帶給我們的服務不用花一毛錢。現在人們開始了解到喜馬拉雅山上的冰川為什麼會被視為神聖不可侵犯。

羅尼・湯普森（Lonnie Thompson）是來自俄亥俄州的一位冰川學教授，他可能是地球上最了解高海拔冰川及其歷史與未來演化發展的人。他在數十年間蒐集得來的訊息，成了氣候科學家據以判斷預測的資料。他曾經從世界各地取得冰川的冰蕊，並且在十六個國家指揮過六十幾次的探險隊；所謂的「探險」並不是很快地去冰川走一遭，而是在世界上最遙遠的冰層停留長達一個月。他曾經在海拔七千公尺的山上取得冰川的冰蕊。在熱帶地區，從高海拔的地方運送冰塊，穿過叢林，送到美國的實驗室，可能是一件令人望之生畏的任務。

冰川就是一份冷凍的手稿，跟樹的年輪和沉積層一樣，都有說不完的故事；你可以從冰川之中蒐集到資訊，拼湊出過去的圖像。冰川儲存了火山活動的歷史，儲存了數萬年前的花粉、雨水和空氣的化學組合成份；他們提供了重要的資料來源，讓我們知道過去的植物生長與降雨量等細節。

回顧過去這一千年，世界上的冰川變化並非始終是單向的，南北半球也未必同調；在某些地方的冰川增長，但是其他地方減少，端視當地的氣候與波動而定。但是時至今日，全球各地的所有冰川幾乎都是同步融化中。

「我從來不敢相信冰川會消失得這麼快，」羅尼說。「不可能在十年間就消失。如果過去有人預測這麼快速的融化，我是不會相信的。」

在西藏高原，科學家研究了六百八十條冰川，其中百分之九十五曾經後退過；在阿拉斯加，百分之九十八的冰川正快速消失中。否認氣候變遷的人展示十三條冰川因為當地降雨量增加所以不退反進，宣稱這證明了地球什麼事的沒有：「冰川在累積中」的「新聞」在全球傳播。這些例外被拿出來宣傳，甚至有人宣稱地球非但沒有暖化，反而愈來愈冷。媒體人似乎也甘於呈現這些非科學的訊息，稱之為「新聞」。

「世界上的冰川到處都在後退，但是人類卻對後果視而不見，」羅尼接著說。「現在有數十億人居住的地方，在數十年間，可能會變得不適合居住。」

羅尼跟我說，展望未來，除了北極圈之外，幾乎全世界的冰川壽命都將在本世紀內告終。他跟世界上其他重要的氣候科學家一樣，都曾經度過一段不堪的歲月，被人說成是陰謀理論家、共產黨員、極端份子；那些政客——尤其是美國的政客——似乎都不了解他的用詞與資料，也沒有意識到問題的重要性，儘管這個問題牽涉到人類整體的生存和數百萬人的性命。他看到政客身邊都圍繞著跟石油利益相關的人，還有自稱專家的人發表一些與科學無關的意見：「大氣中的二氧化碳量增加有助於植物生長。」有些政客願意傾聽，似乎也理解這些資訊，但是卻沒有採取任何行動。

「那會怎麼樣呢？」

羅尼答道：「有關海平面上升的最新研究報告大多指出，可能不到一百年就會上升一公尺，有些甚至預估會上升兩公尺。以上升兩公尺來說，你會看到數億人流離失所，因為很不幸的，我們的大都市有很多都蓋在跟海平面一樣高的地方。我們將面臨這些人要去哪裡的抉擇。如果回到兩百年前，地球上還有一些地方是人類尚未佔據的，你可以搬到那裡，還有地方可去。但是現在，人類幾乎佔據了整個地球。地球上現在有七十億人口，問題是：他們要何去何從？誰要負責？地球上已經有很多地方的人受到衝擊。在秘魯，全國兩千八百萬人口之中，有三分之二住在沿海的沙漠地帶，全靠源自安地斯山冰川的河流為生，但是那些冰川有很多都是逐年縮小。在西藏高原和印度，你可以在山上看到兩千年前有人居住過的洞穴，但是現在，那裡有百分之八十的人在旱季必須仰賴融化的冰川水維生，再過一百年，他們就得遷離此地，因為無水可用。你看這些國家，其中有些隨時都可能因為水源突然中斷，而出現『失能政府』的狀況。特別是一些跨境的河川，如果某一個國家在上游興建水壩，就可能會拒絕讓下游居民用水。從地緣政治的角度來說，這些河流供應三個核武國家的用水。」

「你認為未來會怎麼樣？」

「在未來的某一個階段，我們會越過某個門檻，開始看到旱季的排水量劇烈下降。屆時，你要如何因應？又要如何以和平的方式解決？如果你居住的地區仰賴冰川供水，那基本上就像是大自然的水塔，在雨季時儲存雪水，不用花錢；到了旱季時慢慢地釋放儲水，也不用花錢——但是未來就不一樣了。你要如何適應這樣的變化？要如何才能繼續有水、電供應我們生活所需？」

他從科學的角度勾勒的前景黯淡，令人堪憂。

「還有任何希望嗎？」

「在我們的研究計劃中，有國際性的田野工作隊，成員來自尼泊爾、中國、俄羅斯，還有來自安地斯山的南美洲與秘魯。我們可以在山上一次住六個星期，從河床深處挖掘到冰蕊，國際團隊也能合作達成我們的目標。所以我相信，只要有一天，人類意識到唯有合作才能解決這個問題時，我們就可以真正的合作，一起做什麼；但是我也相信，除非我們被逼到絕境，沒有其他選擇，否則這一天不會到來。不過我想，我們應該還好，我認為人類還是可以合作的。歷史上有很多像這樣的例子，你看看二次大戰：當人類意識到危機，發現這會衝擊數十億人的時候，我們就會專注集中資源，改變方向。這就真的表示我們要改變生活型態。我只希望在我們真正認真地改變之前，不會有太多人受苦。」

17
告別白色巨人

未來，冰川會成為奇景，就像孟加拉虎一樣罕見；曾經活在這個白色巨人仍健在的時代，就彷彿籠罩在神話故事的光芒之中，猶如曾經撫摸過龍或是拿過大海雀的卵一樣神奇。在未來幾千年內，當然還是可以在北極圈、格陵蘭和南極洲看到冰川，但是在阿爾卑斯山和安地斯山就未必了；至於喜馬拉雅山和冰島的冰川，則大部份都會消失。大家會問：在二十一世紀初，我們是如何形容冰川的呢？

我不像祖父母一樣那麼熟悉冰川。我曾經遠遠地看過冰川，也曾經在冬天爬上斯奈菲爾冰川，但是夏天的冰川不比冬天的冰川，注出冰川又跟冰層或小型冰川不可同日而語。

於是我們決定穿越斯凱歐阿爾冰川，這條冰川源自瓦特納冰川，是它主要的山谷冰川之一。那是二〇一二年七月底，冬天積雪都已經融化，所有的冰原裂隙與冰的形狀都清晰可見。其實，這是我們第二次攻上冰川。幾年前，我們曾經在大雨滂沱之中前往，並且在石頭河床的低處紮營，隔天早上醒來，發現營地底下形成了水池與噴泉，彷彿有人朝著營地揮了一下魔杖，讓水從鼓脹的小眼睛裡溢流出來；總之，大家全都泡在水裡濕透，於是就打道回府。

現在的計劃則是在冰川邊緣紮營，地勢算相當高，而且橫越冰川的距離只有二十五公里，可以一天走完；然後我們就去綠草地紮營，那是全國最漂亮的營地之一。從那裡，再走一天，就可以抵達斯卡夫塔菲爾國家公園（Skaftafell National Park）。

我們醒來發現天氣糟糕透頂，帳篷被風吹得搖搖欲墜。我們窩在睡袋裡很暖和，但是一爬出來，就冷得發抖。儘管能見度很差，我們還是趕緊收拾營地，出發繼續前行。到了冰川邊緣，我們遇到幾位連夜穿越冰川的登山客，是一對法國父子和父親的朋友；經過一夜的折騰，他們冷得頭昏目眩，幾乎就要休克。原來他們迷了路，碰到一條無法跨越的裂隙，只好繞路，結果卻走到低谷深處，反而走進更深的山谷，像迷宮一樣走不出來。他們在濃霧大雨的黑暗中盲目地走來走去，原本十個鐘頭的路程走了二十個鐘頭。他們擔心自己的生命安危，因此一走下冰層就立刻紮營休息，雖然筋疲力竭，還是慶幸終於脫困。

我們自己也在冰川邊緣，也就是冰川與陸地的交會處，陷在泥濘中舉步維艱。

融化的冰川將水吸入沉積物之後會形成流沙，我們必須避開這些地方。在旅程的前半段，冰川裡有沙所以呈現黑色，可以輕易地看到冰上的異物，細冰柱上的扁平石頭，像是外星人留下來的藝術作品。天氣漸漸放晴，可是後來卻看到眼前一整排無邊無際的草叢，彷彿無數個白色的龜殼一字排開，放眼望去，看不到盡頭。

我們看到在冰川兩側的山坡中央有一條光束，標示出表面水平，就跟幾年前一樣。在圓形山谷高處，有很多地方可以看到所謂的死冰，也就是表面冰層退縮之後仍然懸掛在岩石間的浮冰。想像比人高出三十公尺的冰川表面，相當於十層樓高的高度，在腦中延伸出去，彷彿是覆蓋住整個蒼穹的圓拱形屋頂，從冰川一側的邊緣延伸至另外一側，足足有一公里長，直到沙地上，這實在是考驗大腦的每一個感官。

我們繼續向前，這時候每一條草叢就像是單獨的鱗片，而注出冰川則是巨龍的尾巴。我們碰到一個看似黑沙金字塔的東西，然後有更多的金字塔逐漸浮現，直到我們走到冰川正中央，進入由黑色金字塔組成的林子裡。從沙錐冒出來的蒸氣形成霧幕，小溪潺潺流經其間，形成微型地景，幾乎像是日本盆栽造景，有小山、小溪和小鎮，這樣的形狀與美景讓我們看得目眩神迷。溪水流過金字塔之間，宛如小型瀑布，讓人很想順流而下，但是我們若是真的跟著水路走，最後就會陷入冰川洞穴之中。這些白色的小洞後來變成藍洞或黑洞，可能向下延伸三百公尺，深達冰川最底部；經過這些洞穴時要格外小心，千萬不能大意。想到一失足就消失在這樣的洞穴裡，那可是做惡夢的最佳素材。我唯一能想到差堪比擬之物，就是電影《星際大戰》中，那隻像蟲一樣的巨大怪物沙羅蛇（Sarlacc）住的沙坑。

在史坦尼斯勞・萊姆（Stanislaw Lem）寫的科幻小說《索拉力星》（*Solaris*）中，太空人飄浮在一個神祕星球的後方，想要了解這個星球的本質；書中假設這個星球有某種超過人類理解範疇的自我意識，星球表面還有黃色泡沫形成的海洋，太空人想要詮釋或是理解什麼，泡沫就會幻化成那樣東西的形狀。於是他們心想：這個星球是不是在傳遞某種訊息呢？

我也試著詮釋冰河的形狀吧。金字塔森林一字排開，在表面形成一條直線，看似一條雙線通車的公路；在「道路」的正中央是一條黑線，彷彿道路的分隔線。路面平坦光滑，以肉眼判斷，在這裡開車的時速可以高達七十英里。我橫越這條「道路」時，不由自主地往兩邊看，心想：不知道冰川上有沒有號誌。說不定，它正在跟我說：金字塔與車道之間的某處出了什麼事也說不定。

我趴在寒冷的冰上，耳朵貼近一道細縫，裂隙只有幾吋寬，不過看起來卻深不見底。從裂隙望下去，裡面的冰跟水晶一樣晶瑩剔透，再仔細觀察冰川冰體內的紋路與氣泡，形成一種詭異的三度空間感。我聽到水湧進冰底深處的空間，發出黯黑低沉的顫音，水在冰底深處跳舞，像是木琴，一座石砌的豎琴，冰雕的豎琴。這是冰川的天鵝之歌。

現在的冰川以前所未有的速度變化，讓我覺得心裡有某種矛盾。我之所以能夠攀登冰川，都要歸功於人類與科技的進步，這些都是大量壓榨地球資源生產的結果。我們能夠橫越冰川、計算鱈魚築巢的地方、研究座頭鯨的聲音時，都已經是人類發展強大到某種地步，而那些我們終於有能力去估計與理解的東西，卻已經開始要消失了。

在紀錄片中，融化的冰川是令人嘆為觀止的奇景：巨大的冰塊彼此碰撞，發出巨大聲響，冰塊崩解後奔流入海。但是實際上，一條垂死的冰川看起來就跟春天的正常變化沒有什麼兩樣。冰塊遇熱或在陽光下融化，形成潺潺嬉戲的溪流，激起水花。其實，垂死的冰川就只是靜靜地消失，看起來脆弱、令人鼻酸。你大可以稱這個情況為「寂靜的春天」——要不是瑞秋・卡森（Rachel Carson）已經用來替她那本討論殺蟲劑如何影響自然的書命名的話。春天過後，就是夏天。漫長的全球夏天。

瓦特納冰川上的地名蘊藏著環境變遷的記憶。布雷達美庫沙灘（Breidamerkursandur）原來的意思是「廣濶森林沙灘」，紀念在此地變成一片黑沙灘之前的茂密森林。及至今日，我們仍然可以在沙地底下，發現三千年前的樺木殘株，那個時候，北歐的氣候要溫暖多了，甚至跟現在一樣的暖。廣濶的森林在小冰河期的冰川來臨時，變成了一片廣濶的沙漠。不過現在，自己會播種的樺木又開始繁殖，或許布雷達美庫沙灘又會再一次變成廣濶的森林。在斯凱歐阿爾沙灘（Skeidarársandur）那片一望無際的黑沙上，冰島最大片且自給自足的樺木林已經開始成形。你真的能夠將冰島最大的森林稱為「斯凱歐阿爾沙灘」——「船河沙灘」——嗎？這座森林可以用消失的冰川命名，或是用森林地底的黑色沙灘命名。

冰塊、石頭和沙從冰川底下冒出來，形成冰封數百年的新土地；在冰川的邊緣，你必須步步為營，因為那裡的地面不是冰、不是水，也不是沙，或者毋寧說是三合一吧。這樣的轉變有一個中間的步驟：混亂，就如同預言詩〈女巫預言〉裡說的混沌初開一樣：

太陽不知道

她的殿堂何在；
月亮不知道
她的力量有多強；
星星不知道
他們的位置。

混沌也不僅限於冰川的邊緣。當我們的生活方式導致全世界的冰川變成了水，沒有人知道土地會在哪裡，我們的海岸線會變成一片汪洋，耕地會變成沙漠。

等到我九十歲時，我會在投影機銀幕上放出斯凱歐阿爾冰川的照片給我三十歲的孫子看，他們會看到一條已經消失的冰川，但是我們一家三代有幸在它消失之前認識了它。我在拍攝冰川的照片時，就像是錄音保存一位老婦人唱著古老的搖籃曲；一千年後的人們看到這張照片，就像是稀有罕見的古代手稿一樣，試著解讀我們在想些什麼。

18

蒸氣機之神

從我的尾巴拔毛，放在地上。
它會變成巨大的營火，除了飛鳥之外，
無人能夠穿越。

——布考拉（Búkolla），神牛，冰島民間傳說

或許有人會質疑我是不是想引誘人加入某種邪教：守護聖牛教。在我們崇拜機器、科技、時尚與名牌的年代，確實有迫切的理由成立幾個直接崇拜大地之母、鳥獸森林、山巒海洋的團體。我們可以小小的禱告一下：

我們的母親啊，
你是大地
你的王國在此

你的水是神聖的
你生長我們每天的糧食
直到我與你合而為一
進入生命與輝煌的永恆循環——

但是遺憾的是，我並非大地的果實，我們也不再有百分之七十是水，而是百分之九十的石油。當我們最初開採賜給我們超級力量的煤礦與石油時，地球的人口約七億人；我們相信社會的基礎是理想，然而當事態發展到緊急關頭，這才發現：原來是燃料在支撐一切。現在，地球的人口達到七十億，我們一路欺騙系統，深入挖掘到古老的沉積層，也就是早已死亡的生物所形成的地層。我們像驅魔的大法師，將它們從永恆的沉睡中喚醒，抽回地表，點燃火焰，駕馭這個在地球深處冬眠了好幾億年的陽光。我們讓火焰向人類的意志低頭。我們駕船衝入暴風圈捕撈海裡的魚，我們收成打穀，建造城市，還搭乘鐵火龍飛越海洋——這一切都要歸功於起火燃燒。兩百多年來，這些活動逐漸增加，速度雖緩慢，但是增加的趨勢卻無庸置疑，只不過從未像此刻增加得這麼快。

雖然原子彈被選為標示新地質年代的標準，但是地質的轉捩點、新的地質世紀，可能更早之前就已經開始了：被稱為人類世的地質年代，將會以地球暖化、冰川融解、海面上升、海洋酸化、物種滅絕等惡名傳世，而這個年代的肇始則要追溯到一七三六年在蘇格蘭格里諾克（Greenock）的詹姆斯・瓦特（James Watt）。

瓦特是一位技術精良的機械工程師，在格拉斯哥大學的研究室裡設計測量器具，後來在一七六五年，改良蒸氣機，正式從普羅米修斯手中接過火炬。瓦特將火藏在鐵鑄圓筒中，再將筒中的水加熱至沸點，而且設法控制因此產生的蒸氣能量來轉動活塞，運轉機器，用來抽水、挖煤鐵礦，讓人類可以製造更大也更有力的機器，再用這些機器製造更大的機器。有了這些機器之後，人類可以挖到地底深處，讓鐵路延伸，橫越整個大陸，於是嗚嗚叫的蒸氣火車頭啟發了詩人墨客，讚美人類新世紀的到來。

石油最早是在大約一八六〇年開挖出來的；不久，內燃機就問世了。我們學會了飛行，還飛進了太空；兩百五十年來，人類的力量愈來愈強大。

瓦特讓我們馴服了火焰；慢慢地，我們學會將火藏得更好，將熱氣、煙塵和煤灰分開來，最後終於藏到完全看不見，只有華麗的車廂，有舒適的空調、鋪上軟墊的座椅、源源不絕的音樂，載著我們走遍全世界。

瓦特點燃的這把火變成了巨大且無人能擋的烈焰，比地球上曾經發生過的任何一次森林火災都還要大。我們總共燒掉了上百億噸的煤；在我們看來，這些煤山就這樣蒸發掉，憑空消失，其實不然，因為這些煤和石油都變成了二氧化碳。現在的科學家可以測量空氣中的二氧化碳含量，拿來跟取自南極洲或格陵蘭冰川的冰蕊做比較，也就是跟八十萬年前的二氧化碳含量相比，就可以勾勒出這座看不見的二氧化碳山究竟是什麼模樣。

當瓦特點燃蒸氣機時，空氣中的二氧化碳濃度約為 280 ppm；如今已經高達 415 ppm，是三百萬年來最高的濃度。有人會問：那火山爆發呢？跟地球上的火山活動相比，人類活動豈不是無足輕重？可惜，事實並非如此。據估計，地球上的火山平均每年釋放出兩億噸的二氧化碳，而人類每年卻釋放出三百五十億噸。我們燃燒的火焰幾乎是地球上所有火山活動相加起來的兩百倍大。然而，我們每天進進出出，並沒有真的看見火或煙。我們可以看到火山，感受到他們的兇猛威力與轟隆巨響，卻沒有看到其實我們才是地球上最大的火山。

二〇一〇年，冰島的埃亞菲亞拉冰川火山（Eyjafjallaj）爆發，導致歐洲的空中交通停擺了六天，然而火山排放的二氧化碳卻只有全歐洲空中交通排放量的四成——一天大約十五萬噸；而空中交通停擺避免了一天約三十萬噸的排放，因此那一次成了歷史上第一個對環境負責的火山爆發。我們不管做什麼，都離不開火焰燃燒；交通進展就像是燃燒中的火山熔岩。如果我們用人類每天排放的一億噸二氧化碳，除以火山排放的十五萬噸，得到的商數就是魔鬼數字666[21]。地球居民排放的二氧化碳，相當於六百六十六座埃亞菲亞拉冰川火山的排放量，而且是日以繼夜，全年無休。如果我們換算美國的排放量，相當於每天、每夜有一百座像埃亞菲亞拉冰川火山那樣的火山爆發——也就是平均每個州有兩座火山[22]。

我們就是火山爆發，只不過當我們照鏡子的時候，並不會看到火焰：一切就設計得如此巧妙，什麼都看不到。如果高速公路上的車子都將引擎內的火表現在外，我們為了要去上班所點燃的烈火就會明顯可見，也可以清楚地看到電動車與燃油車之間的差別；不過電動車也有隱藏的火焰與排放：生產製造時的火焰、在國與國之間船運車輛的火焰。如果車體內的火全都升起來，我們就可以在仲冬的陰影中看到瘋狂的交通流量所形成的火山熔岩漿流，可以看到森林大火和燃燒中的摩天大樓。

21 譯註：在西方基督教文化中，「666」是代表惡魔的數字。

22 原註：這個計算基礎是假設埃亞菲亞拉每天排放十五萬噸的二氧化碳，而美國排放五十四億噸，而英國排放四億噸。還有，甲烷和土地利用所排放的等量二氧化碳也應該要加進去。不過，此處的計算只針對燃火的部份。

我們在新聞中看到油輪爆炸起火或是意外導到儲油槽著火，卻從來沒有想過這些油本來就會被燒掉，只不過是一次燒個精光。我們並沒有認知自己每天造成的災難。

我們看不到火，也很少看到煤和石油。我們經常搭飛機，卻不知道二十噸的噴射機燃料點燃之後，會燃起多大的火；我們在網路上買機票，卻從來不去查需要多少桶石油才能載著我們飛向世界。以我去立陶宛參加兩天的詩人節活動為例，這趟旅程大約一千七百五十英里，等於是芝加哥到洛杉磯的距離；一桶石油大約有四十二加侖，因此像這樣一趟航程，每一位旅客約莫燒掉四分之三桶的石油：大約每六十英里一加侖。我這樣一趟來回，需要用掉一桶半的石油。

石油變成二氧化碳，一種無色無臭的隱形氣體。但是講到自然世界，沒有什麼會被用掉，我們無法創造或毀滅能量，就只是從一種形式轉變成另外一種形式而已。我們以為石油會燒掉，其實正好相反，它不會消失，也不會減少。一噸石油會轉變成二點三噸的二氧化碳；因此，四十二加侖的石油約等於三百五十公斤的二氧化碳。以飛機上一百五十名乘客來說，就是大約五十噸的二氧化碳。「您好，有什麼需要為您服務的地方嗎？」「我們這個周末不想飛到倫敦了，你可以只賣我兩桶石油嗎？我們想要像古時候一樣，在後院生一堆大營火，好好熱鬧熱鬧。」

我替車子加油，其實也是加了一堆數字——銀幕上顯示公升數與金額。但是那個金額並不正確：我付了將石油從地底挖出來的成本，付了石油公司的利潤，卻沒有支付這些二氧化碳排放到空氣中造成的後果，或是將在這個世紀沒入水中的四十萬平方公里土地。有人必須支付移除這些二氧化碳的代價，也許是種幾十億棵樹，或是發明某種新科技，以前所未有的巨大規模捕捉空氣中的二氧化碳。不付出代價是不行的，如果我們現在不付，未來世代必須付出的代價可能是地球的生物圈，甚至可能在這個過程中付出他們的生命。

這把火是看不見的，所以也就變成「沒什麼」，煙霧也就這樣蒸發了。如果每個人必須將他們用過的油桶收藏起來，如果我們以這樣的方式來看待世界，或許會有一點教育意義。過去十年間，我們家族的海外旅行大約用掉了一百桶石油，我想像著將這些空油桶放在我家門外，想像著每一個人都有一百個油桶堆在後院，想像著在某個社區裡會以油桶數量做為地位的象徵，毫無疑問地代表你擁有馬力超強的汽車、去過巴峇島的次數最多等等。一個人若是開家庭房車跑了十萬英里，等於燒掉了兩千五百多加侖的石油，大約六十五桶；一個擁有兩輛車的五口之家，在十年間就要燒掉兩百桶。

油桶數量會隨著車輛占據的空間而增加：都市裡平均有一半的土地都是馬路和停車場。或許我們可以在油桶上畫雲朵，提醒我們，雖然油燒掉了，卻沒有消失。油桶應該畫得像雷雨烏雲一樣的黑。

油桶堆起來會巨大無比，但是燒起來的火焰有多大呢？二〇一八年十月，世界石油產量首次超過每天一億桶——就在同一個星期，聯合國《全球暖化攝氏1.5度特別報告》出爐，對人類提出嚴正警告，如果全球溫度上升兩度會造成什麼樣的災難浩劫，以及不能超過攝氏一點五度的重要性。如果將一億桶石油想成一條河川，流速大約會是每秒一百八十五立方公尺，相當於冰島北部黛堤瀑布（Dettifoss）的平均流速，那裡是歐洲水流最洶湧、水量最大的瀑布，雷利．史考特（Ridley Scott）的電影《普羅米修斯》就是在此地拍攝的。瓦特將普羅米修斯的火炬塞進了蒸氣機，後果卻在兩百五十年後才浮現。一道像碳一樣漆黑的瀑布從懸崖峭壁上傾瀉而下，水流不斷，晝夜不停，全年無休無止。請你閉上眼睛，想像一下，引火點燃這條瀑布，看著烈焰騰空而起，直上雲霄。

全球的二氧化碳排放不光是來自燃油，還有燃燒天然氣和煤。我們每年燒掉大約四十億噸的煤，平均地球上每人消耗六百公斤；以石油、天然氣與煤為主要來源的碳能量，每年要燒掉一百二十億噸，相當於三百六十億噸的二氧化碳——三百六十億。

想像有一個引擎，有一整條河的石油供應燃料；想像這個機器的馬力、噴射泵、圓柱筒和排氣管。這就是我們的生命機器，我們的工業。全球的汽油引擎加總起來會造成致命的危機。確實很不幸，但也是不爭的事實。這場狂歡派對已經失控，必須盡快停下來。最新的聯合國報告指出，我們必須在二〇五〇年之前讓這些引擎全部熄火，否則人類的前景就不樂觀。我們正瘋狂地尋找替代方案，讓我們的生活與地球取得平衡，否則人類可能會被趕出地球。

說我們活在一個神話時代，並不是誇大其辭。全球領袖集會，**討論氣候問題**；他們聚會討論要如何改變氣候，這是近乎革命性的變革。他們討論了颶風、雷電、海平面、沙漠與冰川的未來；他們討論要讓地球溫度上升攝氏一點五度，或是兩度，或是讓它失控地上升。這實在是比希臘悲劇還要悲慘：氣候之神使不上力，人類反倒成了希臘悲劇中的神。跟黑金團隊同夥的人在我們的領袖耳邊竊竊私語，分散他們的注意力；這是悲劇重演，因為卡珊卓已經知道我們的未來，也知道該怎麼做，預言再清楚不過，但是石油代言人仍然堅稱：「工業怎麼辦？利潤、成長、市場怎麼辦？還有勞動力、大企業、就業率、選舉資金、投資回報，這些又該怎麼辦？如果你反對石油，我們就選出崇拜火焰的領袖。」然而，當人們在旱澇與森林大火中失去所有一切時，又會回過頭來找那些製造問題的人算帳，也還是同一批人。

不過，我們還是不要太悲觀，還是要記得感謝石油帶給我們的超級力量。一桶石油產生的能量，相當於一個健康成人十年的勞動力。我們一家人坐在一輛兩噸重的車上，開五個小時，就可以到冰島第二大城阿克雷里；如果要用人力拉，那得花多少時間？若是全以人力割草、鏟土、犁田，又得花多少時間？用五十公升的石油並沒有問題。我們利用石油，就像中古世紀的冰島祭司——智者撒蒙達爾（Sæmundur the Wise）——利用魔鬼一樣。撒蒙達爾最出名的事蹟就是跟魔鬼交易，讓魔鬼替他洗衣服、收成農地，甚至要魔鬼化身為海豹，背著他從法國回到冰島的家，而撒蒙達爾連外套都沒沾濕。石油讓我們的工作變得輕鬆，減輕我們的負擔；如今，石油替人類做了成千上百件工作，甚至也載著我們飄洋過海，就跟撒蒙達爾的魔鬼一樣。但是每一個故事的結尾也都一樣，撒蒙達爾發現自己問題大了，因為魔鬼要求的代價就是撒蒙達爾的靈魂或是他未出生的小孩。

石油讓人類脫離辛苦的勞動，生活不虞匱乏；先是西方國家這樣做，然後在過去這幾十年間，有數十億人也尾隨而至。真是人類的黃金年代啊。有了石油，就有工作和教育，就有更好的健康、長壽、食品安全、夜間電視節目和暑期度假。現在一般工人階級的生活品質，比十七世紀的王室貴族還要好。法國國王路易十六無法飛到特內里費島[23]；他十幾歲大的兒子，口袋裡也沒有兼具相機、拍攝電影和衛星定位功能的智慧手機；他更沒有嚐過奇異果，或是用 Skype 跟在中國的人講話。我們若是不幸染病，可能還可以治療痊癒。能源讓我們的人口增加，不過大規模的饑荒反倒減少；雖然有石油爭奪戰，不過整體而言，世界上的戰爭還是減少了。石油也讓我們創造美感。住在郊區的青少年可以各自拿著樂器，聚在一起，演奏貝多芬的第五交響曲；現在有數十億人過著當年阿尼老爹跟他的兄弟姐妹搬進艾斯瓦拉街的工人公寓時所享有的生活：深深感恩有了第一個瓦斯爐，還有像沖水馬桶和洗熱水澡這樣的奢侈享受，甚或還有多餘的房間可以用來沖洗照片，或是有多餘的能源可以從事休閒活動、運動或旅行。問題不在於人類脫離貧窮，而是我們陷入過度消費與浪費。在我們生存的這個體系裡，我們創造、思考和製作的大部份東西，最後都變成燃料焚燒或是垃圾掩埋。地球無法承受這麼多的火，更不可能承受這些消

23 譯註：Tenerife 是在西班牙海岸大西洋中的一個島嶼，也是加納利群島中最大的一個島。

費；垃圾快要讓它窒息了。石油之於人類，正如同魔鬼之於智者撒蒙達爾。現在，魔鬼回過頭來索取他的報酬，這就是我們今日的處境——突然間看到了二一〇〇年展望的圖表。我們現在過著輕鬆的日子，卻犧牲了未來那些還沒有出生的孩子。

現在，全球焚燒燃料的狀況大致如下：中國無疑是最大的污染國，佔全球二氧化碳排放的百分之二十八；美國排放了百分之十六，印度約百分之六，俄羅斯約百分之五，德國百分之二，而較大幾個的歐洲國家與巴西則各占全球總排放量的百分之一。

再來看看這些排放都來自哪些行業：百分之二十五來自燃煤電廠、中央暖氣系統和發電；百分之二十四是因為食物生產、伐木和土地利用；還有百分之二十一來自工業。交通運輸的整體排放量很大，約佔總排放量的百分之十四；目前全世界大約有十億輛私家車。在諸多工業中，領先群雄的是水泥生產業，佔全球總排放量的百分之六。如果我們再更仔細地檢視交通運輸的排放，約有百之二點五來自國際航空。不管我們走到哪裡，都會發現隱藏的火與二氧化碳排放：從我們的車到筆記型電腦，不論是在工作或吃飯，連沙朗牛排都是放在火上烤。

以總量來說，中國是最大的污染國；但是如果考量到人均的二氧化碳排放量，美國就以平均每人排放十六點五噸遙遙領先。冰島的人均排放量約為每年十四噸，在全世界也是名列前茅，雖然我們的「潔淨」能源——地熱水供應和水力發電——提供我們每日所需能量的五倍以上。每一位印度人的平均排放量只有冰島人的百分之十左右；而中國人在二氧化碳排放上已經超越許多西方國家，目前的人均排放逼近德國，超過西班牙、瑞典、法國與英國。

石油消費是全球不平等的根本原因之一。二〇一七年，全球石油產量約為三百三十億桶，平均每人可以用四桶，但是分配卻極度不平均。全世界有八分之一的人沒有石油或電力可用，還有許多國家燃油主要是為了生產可以輸出到富有國家的產品。

根據國際慈善組織樂施會（Oxfam）在二〇一五年的報告，全球最富有的百分之一人口，排放了百分之五十的二氧化碳。因此，儘管人口增加是一個問題，但是更嚴重的問題是過度消費與富國的不負責任。在全世界最富有的百分之一人口當中，每一個人的人均排放量幾乎等於一百七十五個落居全世界最貧窮百分之十的人；然而，氣候變遷的後果卻是對最貧窮的人產生最大的衝擊，因為他們沒有錢保護自己或是比較沒有自由遷徙的能力。當孟加拉人的土地遭到洪水淹沒，誰來賠償這些不是他們自己造成的傷害損失？

為了達成巴黎協定的目標——全球暖化不應超過攝氏一點五度——必須在二〇五〇年之前將二氧化碳排放減為零。為了要成功達陣，我們還得發明從大氣中移除二氧化碳的新科技，而且移除的量必須相當於今天的總排放量。這是人類迄今曾經遭遇過的最大挑戰。我們提出來的是世界能源機制中前所未見的大轉變，而二〇五〇年也不過就是三十年後，回顧三十年前的一九九〇年，從那個時候到現在，排放量從兩百二十億噸增加到三百六十億噸，足足成長了百分之六十。

要在三十年內將二氧化碳的排放歸零，聽起來像是不可能的任務，像是建造時光機器、反抗重力或是發明可以讓人起死回生的藥丸。沒有人知道在技術層面是否可能每年捕捉三百億噸的二氧化碳，這項技術還在起步階段，還沒有人找到什麼建築或基礎設施可以讓我們達到這個目標。

若是不設法移除已經在大氣中的二氧化碳，就算我們減排百分之五十，問題還是會持續增加。如果這項計劃未能成功，地球會持續增溫，冰川會持續融化，海平面也會持續上升，淹沒城市與沿海地帶。

假設每桶油價是六十美元，一億桶石油的市價就是大約六十億美元。因此我們每天大約要燒掉六千億美元。若有任何人認為改變能源的來源是一件簡單的事，不會遭到反對，那可就大錯特錯了。石油是整個經濟的支柱，更換能源來源對那些仰賴石油賺取利潤的人來說，茲事體大。一天六十億美元的交易，他們不會輕易投降，必然會有一番苦戰。對富可敵國的人來說，這關係到幾百萬人的工作和龐大的資源，而且他們都跟世界領袖有直接溝通管道，能夠上達天聽。

這個問題及其解決之道都不容低估。如果我們真的解決了這個問題，如果石油變得一文不值甚至遭到禁用，那等於是抽掉整個經濟的支柱。俄羅斯會垮台，加拿大的艾爾巴托會破產，沙烏地阿拉伯和卡達會成為下一個敘利亞，挪威會進入大蕭條。如果這種情況真的發生了，那也不會只是他們的問題，因為石油生產主要還是為西方的利益効力。然而，我們唯一的出路就是正視這個問題，努力擺脫這個惡性循環。據估計，到了二〇五〇年，全球人口會增加到二十億，我們可以預期，光是這些人的衣食需求，就會帶動二氧化碳的排放增加。我們已經到了緊要關頭，這一點無庸置疑。如果我們不滅火，就會滅亡；即使滅了火，還是可能滅亡。

但是，還不只是地球與天空遭到破壞，還有其他的。地球與天空已經奄奄一息，海洋也是。有很長一段時間，關於氣候變遷的討論都沒有談到海洋的變化；甚至還有一陣子，大家就只是希望海洋能夠盡可能的多吸收一些二氧化碳，可是現在，海洋酸化的速度驚人，也引起我們的關注。

要避免地球溫度上升攝氏一點五度，據估計，人類最多還有八千億噸二氧化碳排放的「預算」可以使用。以每年平均排放三百六十億噸來計算，不到二十年就會用光所有的配額，然後我們就什麼都不能排放了。然而，以目前的狀況看來，我們正朝著本世紀末地球溫度會上升三到四度的方向前進，這樣的暖化，已經是核子冬天的規模了。溫度上升會增強颶風與暴風的威力，導致更多的極端氣候，包括傷害農作物、摧毀耕地的旱災與水患。在非洲、中國、印度和中東國家，因為土地無法耕種而被迫遷徙的難民可能會增加；澳洲、美洲、亞馬遜和北歐國家的森林可能會著火；西伯利亞的永久凍土可能會融化，釋放出甲烷，進一步加速全球暖化的步伐。到了本世紀末，我們會看到數以億計的氣候難民流離失所，相形之下，當今在地中海看到的情況，只是小巫見大巫。也就是：戰爭、死亡、毀滅。我們的目的不是製造恐慌，但是弔詭的是：除非我們先認同這是一個問題，否則問題不會自行解決；我們必須用恐懼來添薪加柴，但是同時又要相信這個問題有解。

當然，我們也是可以寄希望於否認：一切都會好轉。否認人為因素造成氣候變遷的人，愈來愈像是地平論的信徒。地球的氣候當然會改變；沒錯，大型的火山爆發會影響到地質歷史。但是以目前的情況來說，人類就是爆發的火山，而且這種等級的爆發總是會造成災難。

我們很容易陷入失望、反諷和無感。把解決全球暖化問題想像成一九〇五年設計巨無霸噴射機、一九八五年發明治療愛滋病的藥物、一九四〇年登陸月球一樣，滅火本來就是我們的主要任務。拒絕黑色的太陽及其黑色的化石沉積物，重新聯結地球與我們頭上發光的太陽：這是我們這一代的角色，也是我們孩子那一代的角色。以什麼為賭注呢？地球上的生命——他們的生命。

除了相信此題有解之外，我也別無其他選擇。但是要讓希望成真，人類必須熱切地渴望解決這個問題，一如他們當年渴望飛行、渴望治癒愛滋病、渴望登陸月球。科學家指出，要創造新的全球能源體系，我們在未來幾十年間，必須投入全球生產總額的百分之二到二點五，其中包括：運輸機船隊全改為電力驅動、節約能源、改變家用暖氣的能源來源、興建風力發電機、控制太陽能、利用地熱能源等。以如此重大的計劃來說，這樣的比例似乎出奇的低。相形之下，英國用了全國生產總額的百分之五十來打二次大戰；如果海洋與整個世界都有危險，那麼百分之二點五的生產總額實在不算什麼。為了要送四個人上月球，美國在十年間投入了全國生產總額的百分之二點五；全世界的國防支出也相當於全球各國生產總額的百分之二點五。這些都是先例。但是沒有哪一支軍隊能夠保護人類免於最大的威脅：人類造成的氣候變遷。

將詹姆斯．瓦特說成這樣的負面人物，實在是太不知感恩圖報，更別說將他與人類的挫敗聯結在一起。他是全人類之父：我們現在的生活都要歸功於瓦特，因為他劈開了大地之母，找到她系統中的漏洞，讓我們從腳底深處吸吮油滋滋的黑色乳汁。我們駕著百萬年老的光合作用高飛，讓自己脫離了四季變化，永久留在夏天；我們一整年隨時都能吃到新鮮草莓，購買那些經過特別設計、保存期限特別短的產品，有效地創造出對相同產品的需求，周而復始。地球不輕易動怒，而是忍耐了好長一段時間，現在終於要動手了，準備擺脫我們的糾纏。石油是我們的生命，卻同時帶來了死亡。

我小時候，全球軍備競賽正打得如火如荼，那個年代最狂熱的話題就是對核戰的恐懼，我一直以為活不到十五歲。是我杞人憂天了嗎？還是我們那一整個世代的共同焦慮確保了世界得以存活？當我們看到燃燒石油造成的影響，歐本海默引用

《薄伽梵歌》的那句話是否也適用在我們身上？我們是否成了死神，成了這個世界的毀滅者？

19 文字障礙

我們必須在三十年內完全停止二氧化碳排放；如果成功的話，就能避免地球溫度比工業革命之前的平均溫度上升攝氏一點五度。全體人類認同這個目標的機率有多大呢？

如果說我們這個年代有什麼特點，那就是文字上的鬥爭，爭奪定義世界與經濟的權力，報導與形塑新聞的權力。這樣的鬥爭決定我們用什麼文字來表述這個世界。文字創造真實，擁有文字及散播文字的方法，就掌握了所有權力的關鍵。

在訪問了達賴喇嘛之後不久，我應邀去中國參加一場文藝節活動。我搭機往返共同舉辦這次活動的成都與北京，在飛機上看了一齣電影《社群網戰》（*The Social Network*），講述臉書創辦人馬克・祖克伯（Mark Zuckerberg）的故事，他的慾望和越軌行徑。在這個禁用臉書，而且將狀態更新與按讚等現象視為對國家安全威脅的國度，我搭著國營航空公司的飛機，看著像臉書這樣無所不在的東西，讓人有一種奇特的感覺。影片中有一幕關鍵的戲，臉書背後的一個朋友用筆在窗戶上寫下演算法，最後終於發現「按讚」的功能，彷彿他發現的是相對論似的。於是，我才意識到：原來「按讚」鍵是我們這個世代的神來之筆。它劈開了人類的自我，裂解了我們的原子，釋放出過去不曾釋放的能量。

我二〇一〇年在中國時，得知他們禁用臉書，還大感意外。顯然網路是自由的堡壘囉？那個時候，我還不知道臉書是在誘騙我們填寫自己的興趣和政治觀點，而且資料愈詳細愈好；我還讓臉書監控我的行程與讀書習慣；演算法甚至還會竊聽我私人談話中的關鍵字。更過分的是，這些資料全都像自助餐一樣，賣給出價最高的買家。我在臉書活動，破壞了其他大眾媒體形式，甚至文學創作本身；我分享讓我感到開心或生氣的新聞，程式就會自動挑選那些會引起相同感覺的新聞給我看，強化這種行為。於是我開始活在一個大腦裡最頂層的字會被放大的世界。我讓不明的系統分析我的行為，因此讓企業更容易將連我自己都不知道是否需要的東西賣給我。更糟糕的是：讓來路不明的各方取代了我的意見。

在中國，人民的觀點受到更大體系的左右，這一點不言自明——不過，我們也會高估自己在國內享有的自由，這也不無疑慮。在冰島擔任北極理事會（Arctic Council）主席時，美國就極力反對一篇關於氣候變遷影響報告裡的用字。川普政府的官方立場就是否認這樣的影響，也要求在公開報告和網站中，移除跟氣候變遷有關的字眼。國務卿龐佩奧談到北極圈融冰時，說那是「一個新的商機」，因為商船航行到亞洲的時間最多可以縮短到二十天。一方面否認氣候變遷，另一方面卻又重視同一個變遷所帶來的商機。

全球石油利益粗估高達每天六千億美元，石油生產國自然根據他們的偏好來形塑我們的用詞與世界觀。石油產業為了保護他們的利益，已經跟氣候科學家打了三十多年的宣傳戰；石油公司買通政客、經營「智庫」，混淆大眾視聽，使用的方法跟反駁吸菸有害的手法如出一轍。彼此矛盾的訊息和假科學經常在世上流竄——有時也會成功。反科學的總統在美國揮舞手中的權力，散播有關氣候的質疑和錯誤觀念，系統性地混淆和阻撓論辯。

人們為了文字爭辯，爭奪在大眾媒體形塑事實的權力；我們都不知道那些激發思想、塑造輿論的字眼，是為了個人還是更大群體的利益。有時候，有些字眼還會被「消音」，所以沒有人聽得到。最近，美國能源資源管理局（Energy Information Administration，簡稱 EIA）提出一份報告，評估美國能源產業至二〇五〇年的發展；報告中對「全球暖化」和「氣候變遷」隻字未提，也完全沒有提到科學家在聯合國政府間氣候變遷專門委員會的討論，以及必須在二〇五〇年徹底停止二氧化碳排放的結論。反之，報告中說在二〇五〇年之前，預期大部份的車子仍然仰賴汽油，還說美國在二〇二〇年將成為石油和天然氣的輸出國。

從白宮發出的官方文件中，系統性地移除了地球暖化的現象；美國大部份的政府網站和氣候資訊來源也是如此。代表石油產業利益的勢力利用臉書和假訊息，讓原本應該守護自由與資訊的政府跛腳。我們就像全速衝向懸崖的車子，但是他們非但不踩煞車，反而將油門催到底，而且連時速表都不見了。正如喬治・歐威爾（George Orwell）說的：「無知就是力量。」

在中國，聽不到達賴喇嘛跟我說的話。在西藏，若是有任何人被發現家裡有他的照片或書籍，麻煩就大了。在北京，我遇到一個人，他談到一九八九年的天安門事件，描述了當時被點燃的希望和抗議學生遭到毆打的血腥場面。我跟另外一個人談到這件事，他不曾去過現場，但是卻說那整件事跟抗議學生貸款有關；學生聚集在廣場，但是那裡沒有廁所，於是警察過來要求他們離開——然後他們就離開了。

「有人喪命嗎？」我問。

「沒有，沒有人死。」

我問一名中國女孩關於西藏的情況。她跟我詳盡解釋，說西藏人受到壓迫，在宗教獨裁之下屈膝度日；她問我，生活在一個由中世紀教皇或教士統治的國家——像伊朗這樣——會是什麼樣子？我不能苟同，但是決定不要另啟一場關於民主的論戰。在那當下，我覺得我們自己的民主好脆弱。我知道自己是歐洲環境與生長背景的產物。

我對中國的印象擷取自「東方的」神話故事與傳說，還有冷戰時期的宣傳素材，甚至有一點古老而根深蒂固的中國恐懼症。不過也有一部份是來自跨國公司，他們拋棄人權和環境要求，追求用最便宜的成本製造產品。

我在北京機場第一眼看到的東西，就是一輛 Range Rover 休旅車，這讓我感到有點不安，因為在冰島，這些車輛是金融崩潰的象徵。不過幾十年前，中國還是一個貧窮國家，如今每一個街角都有這些耗油的豪華汽車。人類史上最大的建築業泡沫正吹得如日中天，到處都看到起重機將高樓大廈團團圍住，只不過全都消失在空氣污染的烏雲之中。

不過，我還是很開心地想像自己能在中國住久一點。我覺得這個國家既美麗又討人喜歡。公園裡，櫻花盛開，老太太們打著氣功，旁邊則有一群人練習跳國標舞。

中國人民很友善隨和，跟冰島人一樣。

我們開車到會東地區的一個山村，村民到了晚上會出來，在廣場上圍著圈圈跳舞，有點讓我想起法羅群島的聖奧拉守靈日（Saint Olaf's Wake）[24]。村子的建築還相當新，我們去參觀了彝族的博物館，他們用一種類似北歐古文字的符號書寫，喜歡摔角，好像也崇拜羊——又很像冰島人！我參觀了一所學校，唸書給他們聽，他們也整齊劃一地唸給我聽；唸得很美，他們似乎也很開心。我聽說他們大多跟祖父母同住，因為父母親都到城裡的工廠工作。在村子裡，我看到孩子們牽著新的腳踏車，拎著一袋袋的糖果，一種新富的喜悅瀰漫在空中。這些孩子幾乎都沒有手足——想到這是一個幾乎沒有「兄弟」、「姐妹」這樣字詞的國家，實在令人心驚。

我們陷在成都的車陣，龜速前進，經過了我這輩子見過的最大的高架路橋，巨大的結構穿過這座城市的歷史城區。我希望中國能夠想一想兩百年以後的事，不過中國人似乎打定主意，要以更大的規模重蹈二十世紀的覆轍，創造一個用過即丟的經濟，注定會吞噬地球的自然保護區和鱷魚棲地。高聳入雲的摩天大樓設計，似乎更符合包商的利益，而不是塑造未來可以工作的社群。我在機場遇到一個人，他的公司是生產地下鐵的車廂。我向他問起成都，為什麼有這麼多的車子和龐然的公路，

24 譯註：又稱為法羅群島日，是每年的七月二十九日。

卻不蓋一個功能完善的大型地鐵系統呢？

「因為中國人是人，」他說。已經無法在西方設計和興建高架橋的包商與工程公司，紛紛轉向中國，同時還帶了他們的盟友——汽車廠商的大使。這就是機會所在。西方的豪華轎車廠商看到了新的市場。在成都的藍寶堅尼比歐洲還要多。

二〇一〇年，中國的建築業泡沫吸收了全球原物料生產總量的一半。卡拉努卡爾電廠以破紀錄的速度完工，主要也是為了因應這個需求，所以才淹沒了克林吉沙拉尼裡上帝之廣袤無垠中的萬物俱寂。在二〇〇四年後的三年間，中國每一年用掉的水泥，都超過美國在整個二十世紀的用量，這個數字無法計算。

我們開了好幾哩的路程，經過蓋到一半的房子，一個街區又一個街區，四十層樓高的大廈矗立在北京舊城區的廢墟。司機跟我說，那裡面的房子都是空著的，屋主投資買房，卻不出租，因為租金不夠高，而全新的房子要比「用過的」二手房屋好賣。這些是面積一百平方公尺的銀行帳戶。據估計，到二〇一八年，全中國有五千五百萬間空屋；足以容納德國的全國人口——還有法國。

我們在北京開車經過一個還在興建的小區，在外圍可以看到迪士尼風格的購物中心，裡面有麥當勞、必勝客。這個小區的標誌是一個孩子拎著小提琴，站在突出湖面的碼頭上；小區裡的建案名稱叫做譽天下、棕櫚灘、麗宮別墅。編織一個夢想：在四十層的高樓大廈之間，住進拉斯維加斯或杜拜風格，獨門獨院又是面湖水岸的豪華別墅。

麗宮別墅圍繞著高爾夫場與湖泊，似乎是這一區的標誌建案，一個豪華的夢想為這個地區帶來璀璨光輝，也順勢提高附近房產的價值。在北京出售湖畔房產的問題在於，北京是中國最乾旱、也是人口最密集的地區之一，地下水位以每年一至三公尺的速度下降，還得利用全世界最龐大的供水系統，從一千五百公里外的地方送水進城。另外一條從西藏送水的輸水管也在計劃之中。

這種做法似乎思慮有欠周密，而且也太短視近利。有人跟我說，共產黨政府表現出理性、長遠的思維，但是在這裡，除了貪婪之外，看不到其他的推動力。包商以最快的速度興建摩天大樓，好讓他們用所得的利潤，在人工湖畔購買上億元的別墅。

有個比較正面的消息是，在中國，攻讀科學與工程的學生比世界上任何其他國家都還要多；希望這個國家和黨能夠在情況失控之前醒過來。中國在太陽能與風電生產方面已經位居世界前列，或許中國必須有像萬里長城這等規模的綠能發展，才能拯救這個世界。

如果中國下定決心，種十億棵樹也只是一眨眼的功夫。總有一天，這個國家有六千萬台風力發電渦輪機也不為過。

科學家說，全球經濟必須在短短幾年之內徹底改變，才能平衡地球溫度每年上升攝氏兩度、三度，甚至四度。人類為了共同理想而團結在一起的希望，在以色列似乎格外遙遠；在這裡，幾千的恩怨糾葛與古老的手稿文獻，將人分為不同的派別，有些彼此水火不容，有些又相互結盟。我曾經去特拉維夫參加紀錄片影展，遇到一對年輕男女，他們帶我去逛市區。這個城市的建築風格很現代，設計的建築師多半與古恩勞爾．霍爾多森在同一時期唸書；霍爾多森就是設計艾斯瓦拉街工人公寓的建築師，後來阿尼爺爺就搬進了那棟公寓。我的兩位導遊在談話中隱約提到他們對政治無感，但是就在他們說這句話時，五架軍用直昇機從我們頭頂掠過，飛向巴勒斯基。我心想：住在這樣的地方，卻宣稱自己沒有意見，究竟是什麼意思？或許，對他們來說，最接近激進主義的就是對政治無感了吧。

我去了耶路撒冷，走上維亞多勒羅沙（Via Dolorosa）。我試著回想聖經裡的故事，但是覺得在這樣的聖地，有點太沉重。我覺得自己必須先滌淨我的思想，才能去走這條耶穌曾經揹著十字架走過、通往各各他山[25]的受難道。我一邊瀏覽沿街紀念品店的櫥窗，一邊想起耶穌受的苦難。

走過維亞多勒羅沙之後，就看到哭牆——西元六十年遭到摧毀的廟宇所殘存的一道牆。我並不知道原來哭牆是廟宇的底座；廟宇原本座落的地方，現在則成了聖殿山，是穆斯林的三大聖地之一。

我從報章書本中認識這些地方，卻不知道他們受到多大的關注。地球面積有五億一千萬平方公里，但是基督教與猶太教皆奉為聖城的地方——還有穆斯林的三大聖地之一——卻這麼剛好都在同一平方公里。這一小塊土地是四十億地球居民的宗教中心，這四十億人又可分為諸多教派，許多教派還認為他們跟其他教派完全不同；每一個人都以自己的方式來詮釋文字，就這樣過了幾百年甚至幾千年。就連卡瓦利山上的教堂也區分了五、六個教派；爭奪領地的緊張情勢從未稍減。

撇開宗教與政治不談，大部份的人似乎都穿相同的 Nike 球鞋，口袋裡也都有相同的三星手機，家裡擺著相同的索尼電視，看著銀幕上相同的電影明星，使用相同的電動果汁機，也用相同的單位在度量宇宙，耳朵聽著相同的音樂，搭著相同的空中巴士噴射機與賓士汽車跑來跑去，也同樣一邊大啖比薩和鷹嘴豆泥，一邊看著依

25 譯註：Golgotha 位在耶路撒冷舊城，相傳為耶穌受難之地。Golgotha 是中東地區亞美語的名稱，拉丁文則稱卡瓦利（Calvary），即現今英文裡的名稱。

照全球同樣的規則在比賽的足球賽。或許，我們還是有可能改換基本的能源系統與物質現實——儘管人們還是會繼續區分你我，分裂成不同的政黨和宗教團體，也支持不同的足球隊。

我祖父母的旅行同伴曾經測量過的冰川，讓世界上許多主要大學裡的專家得以估算未來會怎麼樣。自然科學家開始使用非常精確的文字說話：我們必須減少溫室氣體排放，否則地球就會有麻煩。但是在同樣的大學裡，企業、行銷與工程的教授正引領世界的製造業走到正好相反的方向；他們預測經濟成長與消費增加都是正面的訊號。在大學的某一棟建築裡，有人研究在有限的星球上追求無限的成長會導致什麼樣的嚴重後果，但是同一所大學的另外一棟建築裡，卻有人在教無限制的市場增長、生產與消費。

鋁業是世界上對能源變化最敏感的產業之一，他們在一九九八年就設定目標，到了二〇二〇年全球產量增加三倍；即使在一九九八年，大家就已經知道我們的生態體系基礎已經遭到侵蝕。二〇〇五年，當全球的鋁產量達到每年三千兩百萬噸時，人類顯然就已經迎頭痛擊地球了。

從那個時候起，人類要如何設定路徑？何不在十五年內，加倍生產已經重擊了地球一百年的東西？這樣的增加造成大自然龐大的犧牲，包括赫爾吉·瓦爾帝森發現上帝之廣袤無垠中的萬物俱寂的區域。淹沒克林吉沙拉尼的美國鋁業公司精煉廠每年生產三十四萬噸的鋁，所以上帝的萬物俱寂現在的價值，就是全球六千萬噸鋁產量的百分之零點五。

全球鋁產業每生產一噸的鋁，平均排放大約六噸的二氧化碳，全年排放量約五億噸，幾乎佔全球排放量的百分之二。全球鋼產量自一九九〇年起增加了十億噸，每生產一噸的鋼就要排放兩噸的二氧化碳；近年來，全球各地的產量都在增加。同樣的情況也發生在塑膠業、紙業、時尚業、汽車業，還有整個能源市場、營造業、肉品業。大氣中的二氧化碳，有一半是一九九〇年以後排放的。

那些以金錢、產業、產量來定義這個世界的人，似乎都不需要了解生物、地質和生態；他們只計算數字，覺得一切都很樂觀。在「經濟前景看好」這句話的背後，隱藏著對地球的致命傷害與無法永續的未來。增加石油生產對經濟有正面的影響，鋁產量加倍也是正面的；但是經濟成長無法區分永續與不永續。設想無法區分健體與發胖、無法區分子宮裡長大的是孩子或腫瘤；我們若一味地強調成長就是好的，那就無法區分惡性與良性的成長。

在冰島，進口汽車數量成長是經濟前景看好的一部份。二〇一四年，一條新建公路貫穿了冰島畫家喬恩斯・賈瓦爾（Jóhannes Kjarval）筆下的高爾加宏恩熔岩平原（Gálgahraun）地景，只因為預估交通流量會從每天七千輛車增加到兩萬輛；在這個冰川融化速度全球第一的國家，這樣的預估竟然被視為理所當然。如果連我們自己都無法順應科學，並根據科學做出攸關未來的重要決定，像中國和印度這樣的成長經濟體又何必學習不要重蹈西方國家的覆轍呢？更理想的做法似乎是以更大的規模重覆以往的錯誤。

胡爾達奶奶的手足——辜德倫與瓦魯——出生時身體虛弱，奄奄一息，但是找來幫忙的卻是牧師，而不是醫生。後來他們就夭折了。如今，地球也已經奄奄一息，我們應該找經濟學家，還是生態學家呢？

20 看見藍海

要形容狂風暴浪席捲我而過，
我發現文字墜落地面，
像折翼小鳥一樣無助。

——喬恩．特勞斯蒂[26]

你何時真正認識海洋？我住的這個星球表面，有百分之七十是海洋，我住的這個島國，周圍都是波濤洶湧的海水，然而我卻懷疑自己根本不認識海洋。我的祖先有些是水手——喬恩爺爺參加海岸防衛隊，伯恩爺爺則在捕鯡魚的船上工作過——但是我卻從未真正地去過海洋。我曾經花了兩個暑假去學開帆船；還有在我十四歲那年的暑假，曾經去打工捉螃蟹：蜘蛛蟹都是用大罐子活捉上岸，我們得負責煮熟，切掉蟹腳，擠出殼裡黃澄澄的肉，拿到市場去賣。我們剝開蟹殼，在強力水注下清

26 譯註：Jón Trausti（1873-1918），冰島作家。

理鰓和內臟，然後用力擠壓螃蟹的肚子，捏擠成白色的黏稠狀。有一次，我到冰島西部的弗拉泰島（Flatey）找朋友，曾經在那裡的布雷達峽灣（Breidafjördur）釣到一條鱈魚；剖開魚腹後，還發現牠的胃部塞滿了蛛蛛蟹，於是我當場扮起專家，解說公蟹的腹甲呈三角形，而母蟹底部的腹甲則比較大，也比較圓，留做產卵的空間。

冰島的面積為十萬三千平方公里，但是專屬經濟海域是從陸地向外延伸約三百二十公里，涵蓋範圍相當大，總面積約有七十五萬八千平方公里。據此，我們可以說冰島有百分之八十七是海洋。我曾經看過一本關於冰島魚類的書，赫然發現我認識的魚種類之少，令人汗顏。小時候，我們要學習主要山脈的名稱，但是海洋的深度卻無關緊要；冰島的教育制度對海洋生命的著墨甚少，或許是因為整個制度是根據丹麥模式設計的，而當時冰島的領海只有從海岸向外延伸四海里。有一個益智問答的電視節目，讓冰島大學生彼此競爭；螢幕上閃出圖片，顯示四種魚類：黑線鱈、鯰魚、鱈魚、河鱸，結果國內最聰明的孩子竟然完全不認識這些真的很常見的魚——儘管我們每年出口數萬噸的魚獲。黑鱈魚送到我們家裡時，都已經切成魚片，所以孩子們沒有看到牠們身上的黑點與黑色條紋；他們也不曾聽過古老的民間故事，說黑線鱈身上的黑點與條紋是因為魔鬼要抓牠，而牠在掙脫時，魔鬼的指紋和爪痕留在牠皮膚上的痕跡。

你想想棲息在冰島四周海洋深處的所有魚類——長相醜惡的深海魚、海豹、海豚、鼠海豚、毛鱗魚群，還有地球上體型最大的生物，鯨魚——有這麼多海洋生物，每一個冰島孩子都應該嚮往海洋才對；每一個十歲大的小孩都應該夢想成為海洋生物學家，因為深海中絕大部份都尚未探勘，仍是未知的領域。但是，我們從小卻對海洋有某種程度的恐懼，甚至討厭鯨魚，擔心牠會「把我們吃窮」；海豹只要一靠近河口，就會遭到射殺，保護捕鮭漁民的利益。

從我的住處看不到海，但是每年都會去冰島東北部的梅爾拉卡斯列塔半島避暑，我們在那邊有一座廢棄農場，真的是在世界的盡頭。我們很快就發現這樣一個海灘有多少線索可以跟世界的其他地方聯結。北極燕鷗在從西伯利亞漂來的漂流木旁築巢；二次大戰遺留下來的地雷就躺在有「納粹德軍」標誌的生鏽油桶旁，還有冷戰時期遺留下來的俄羅斯浮標。燕鷗孵化後八個星期，就會飛往南非。在海灘上，還可以撿到來自澳洲的 *Ajax* 清潔劑塑膠空瓶，底部有怪異黏稠物的褐色玻璃瓶，一隻幾乎毫無損傷的右腳鞋子，一頂菲律賓水手的安全帽，上面寫了「*R. Marquez*」——我這才知道原來大部份的菲律賓人都取西班牙文的名字。

距離農場不遠處，有一個小港灣，海豹會在那裡孕育幼兒，並且躺在石頭上曬太陽。我女兒曾經對著牠們唱一些有趣的歌曲，有時候海豹合唱團——成員有十幾隻不等——也會跟著一起大合唱。從海豹灣望出去，有時候可以看到北鰹鳥從勞達努布爾（Raudanúpur）漂過來；牠們是地球上最優雅的生物之一，會在懸崖峭壁上築巢聚居。我曾經用望遠鏡看過牠們捕魚，牠們會在空中圍成一圈，然後像戰鬥機一樣俯衝入海；鳥類學家跟我說過，這叫做俯衝捕獵，而且北鰹鳥可以潛至海平面以下二十公尺。

蒂莎奶奶以前會去石頭海灘撿鴨絨，而我們幾個孩子則在潮水沖上岸的殘骸中尋寶。我們曾經發現一個 Puma 牌的足球，上面還寫了名字「強納森」和電話號碼；我們撥了電話，原來這顆球是在索瓦爾（Sørvær）落海的，那是挪威北部最北端的小鎮，距離有一千三百公里。足球在海上飄了一年才到我們那裡，而且毫髮無損，於是我們就把球寄了回去。我也曾經在里夫（Rif）的一個農場撿到一個瓶中信，就躺在北極圈上；寫信的人住在英格蘭的奧斯維斯特里（Oswestry），他叫做安德魯，我叫安德烈，於是兩年後，我們在聖安德魯日見了面。如果拍成電影，會是一個很美的愛情故事；他現在是我在英倫群島的非正式經紀人，替我安排一些朗讀會的活動。撿拾漂流物還是會有好處的。

這樣聽起來好像整個海岸線都是塑膠垃圾，可是我們這些小孩子卻從來不把垃圾當成垃圾甚或污染，而是可以蒐集起來玩的寶藏。說也奇怪，被海水沖上岸的每一樣東西都變得有點自然，常是歪七扭八又風化褪色，也常常纏著藤壺與海草。海岸上的塑膠清晰可見又髒亂無章，可能對當地生物圈造成可觀的傷害，例如鳥類和魚類會纏在網子上；一旦塑膠分解成微粒，就可能進入食物鏈。可是垃圾是人類不尊重地球的第一個、也是最重要象徵，顯示我們跟生命循環有多麼脫節。沒有用或死亡的動物總是滋養其他的物種，而人類是第一個製造出有毒、無用又傷害自然的廢棄物的物種。

隨手丟棄在海洋的塑膠，隨著洋流移動，形成塑膠垃圾島；大太平洋垃圾帶的面積是冰島專屬經濟海域的兩倍大，也是法國的兩倍大。塑膠看起來髒亂，但是本身不會改變海洋——不會改變海水的溫度、酸度、鹽份濃度、洋流的力道或是發生颶風的頻率。這些是人類影響最劇烈的領域，而這些影響都來自於燃燒碳燃料，燃燒石油造成的人類火山，一天二十四小時，一年三百六十五天，烈焰熔岩從不間斷。這些影響都不是肉眼可見，所以不像垃圾殘骸那麼刺眼，也不是光靠「整理一下」

就能解決的問題。

世界上最繁榮區域的生活型態，對海洋酸度和溫度的影響，比貧困區的生活型態要小；表面上看似一切整齊乾淨，事實上情況更嚴重，因為在這些地區的二氧化碳排放最高，製造的垃圾量也是最高，全都送到掩埋場或出口到開發中國家。

我曾經從挪威航行到冰島，親身體驗我們祖先在一千多年前橫越的浩瀚汪洋；我望著甲板外的大海，雖然身處其中，但是海洋對我來說，仍是一本看不懂的天書，波濤起伏讓人心生畏懼的海面下，藏著三千公尺深的秘密。這是一趟令人難忘的旅程，有一部份原因是那艘船屬於日本的一個人道組織「和平船」。我在船上遇見了廣野正樹，他說起自五歲開始的記憶。一九四五年八月六日，他在屋外玩耍，一枚核彈在廣島上空爆炸，一陣褐色的強風將他吹倒；他在廢墟中尋找他的父親，最後終於在漆黑的屋子裡找到他；原來核彈爆炸時，正樹的父親正在搭電車，電車的車窗爆裂，融入他的背部。他要正樹拿小鑷子將玻璃碎片夾出來，但是正樹不信任自己，於是跑去躲了起來，直到他父親過世。已經是老人的他講起這段故事依然老淚縱橫，但是他仍希望說出來之後，可以避免悲劇再次發生。

航行了兩天之後，地平線上浮現了挪威鑽油井的身影。在如此浩瀚無垠的汪洋之中看到這樣的結構，感覺有點超現實。很難理解這樣的一個鑽油平台何以能威脅到海洋本身，但是威脅並非來自石油外洩，而是油井每天的日常作業。它從海底抽出神奇的液體，賜給我們超級力量，用來推動輪船、飛機，從我們頭上呼嘯而過，畫出白色的條紋。石油燃燒後會產生二氧化碳，其中有百分之三十都由海洋吸收，導致海洋酸化。（最近的研究顯示，在二〇〇二至二〇一一年間，全球海洋吸收了大約百分之二十六的二氧化碳排放。）另外的百分之二十九由陸地吸收，至於其他的百分之四十四，則飄浮在大氣中，吸收了原本會反射到太空的熱能，導致全球暖化。因此，二氧化碳造成整個地球的能量失衡；暖化和酸化都會直接威脅到海洋。伴隨地球暖化而來的熱能，有百分之九十都由海洋吸收；科學研究顯示，海洋暖化的規模相當於**每秒**引爆四顆廣島核彈。在全世界珊瑚礁的身上，都可以看到這種暖化的影響。

我跟珊瑚礁的接觸就只有一次，在加勒比海的尤寧島（Union Island）外海的托巴哥礁（Tobago Reef）珊瑚礁。那時候，我應邀從千里達登上三桅帆船「倫敦行動號」（Activ of London），準備探索加勒比海水域，時間是兩個星期。船長喬納斯・博格索（Jonas Bergsöe）是丹麥人，他的夢想是駕著這艘船，航行到遙遠的地方，建立一個科學家與藝術家的群體。這艘船像是一個有生命的東西，強納斯藉由盡可能的不斷航行來維繫它的生命，因為只要停泊下來，它就開始解體。

帆船有一種原始的本質：棉質的帆布、橡木甲板和桅杆——基本上就像三棵樹。我們必須每天替甲板澆水，防止它龜裂；每一條繩索都有各自的名稱與功能，這是數千年前演化與經驗傳承的結果。直到一百多年前，世界上大部份的船隻都還是靠風力航行，我們藉此探索世界、從事海盜行為、進行奴隸交易等等。我們航行途中，海豚就在船尾嬉戲。

原來的計劃是一路向南，航行到委內瑞拉的奧里諾科河（Orinoco River），我想去拜訪一些曾經跟約翰·瑟布賈納森一起拯救鱷魚的科學家；可是當地的政治情勢曖昧不明，內戰一觸即發，任何人冒險靠近海岸，都會受到海盜的挑釁威脅。於是我們轉而往北，穿過屬於聖文森及格瑞納丁（Saint Vincent and the Grenadines）的島嶼和礁岩：卡里亞固島（Carriacou）、小聖文森島（Petit St Vincent）、小馬丁尼克島（Petite Martinique）和尤寧島，再從那裡去托巴哥礁；回程時，我們朝著貝基亞（Bequia）和托巴哥航行，最後在查卡查卡雷島（Chacachacare）下錨，那是介於千里達與委內瑞拉之間的一個荒島。

我們航行了一個星期之後，在天黑前抵達托巴哥礁，這是一個所謂的馬蹄形礁，圍繞五個無人島與沙洲，距離最近的聚落就是尤寧島。

旅程剛開始時，我們曾經看到一個白色的沙洲，沙洲表面堆放著看似燃燒過的漂流木，結果卻是跟手掌一樣粗的珊瑚木，被颶風吹上岸。這些珊瑚木意味著這附近有勢力強大的珊瑚礁，或者說直到最近一直都有，因為我對附近情況不熟，也不敢冒然下水去看個究竟。

我在野生動植物的紀錄片中看過珊瑚礁，不知道為什麼，我一直認為珊瑚是像海綿一樣軟軟的生物，可是牠其實更接近藤壺或海膽。珊瑚不是植物，而是一種刺細胞動物，有複雜的同居共生關係，還會分泌碳酸鈣形成骨骼結構。

珊瑚枝斷裂被沖上岸是自然循環的一部份。珊瑚礁搭建在牠們祖先的骨骸上，而沖上岸的珊瑚則會粉碎成雪白的細沙，形成我們看到的白色礁洲，保護海岸線，免於海浪的侵蝕。從珊瑚木中，可以清楚地看到珊瑚與鈣化的地質現象威力有多強大，但是這樣的循環是以死亡與再生的平衡為基礎，而颶風的強度增加與海洋溫度上升，都破壞了這樣的平衡。珊瑚白化就是這種動物在面臨不利環境因素時產生壓力所導致的結果。因為珊瑚擺脫了與之共生的藻類，失去了原本的顏色，所以枝條才會變得慘白。珊瑚能夠復元，但是一再重覆的疏忽讓這種動物餓死。

我們在珊瑚礁旁下錨，看到身邊的海浪打在礁石的最外緣；海水是清澈的藍，海底卻是一片白。我們漂浮到下個一島嶼，遇到一群奇怪的魚。因為新聞說近幾年來有大量的珊瑚白化，所以我也不知道會看到什麼。

可是一進入這個彷彿異世界的景觀之中，我的疑慮就一掃而空了。所謂的腦珊瑚在眼前綿延不絕，這種珊瑚的表面和顏色像是人的大腦或者迷宮，學名叫做*Diploria labyrinthiformis*。牠們約莫有手掌那麼大，但是有很多都長到跟我的手臂一樣寬，圓圓的，帶點褐綠色，像是一大叢苔蘚。這個景觀立刻讓我聯想起冰島南部埃爾德熔岩場（Eldhraun）裡像是苔蘚一樣的火山熔岩。目光所及，看不到腦珊瑚綿延的盡頭，我漂浮在許多迷宮組成的迷宮中，彷彿置身於超現實的夢境。在迷宮裡，也有像鹿角和扇子的珊瑚，我還從一群色彩繽紛的魚群中間游過去。我從眼角瞄到一隻魟魚，輕輕地拍動巨大的翅膀從我身邊滑過去，還看到小型的鯊魚和傻乎乎的小丑魚。我們往下潛得更深，來到有綠色海草蔓生的白色沙質海底。每隔一段固定的距離，就有一隻巨大的白灰色甲殼類動物躺在海底，彷彿生命的鏡像細胞反射出星辰本身的樣貌。

我繼續往前游，目光很快就鎖定巨大的綠蠵龜（*Chelonia mydas*），牠們不時地浮上海面呼吸，其他時間就不停地在嘴裡嚼食海草，彷彿是綠色的牛。我漂游在牠們上方，像是天空裡的一片雲。海龜在水中滑行，然後出現了一群嘴巴長長的魚，我追逐牠們穿過珊瑚形的迷宮；這些五顏六色的魚都在覓食。我無從判斷，也不知道眼前的美景是不是先前更美、更宏偉的景觀所遺留下來的殘影，不過這樣的景色依舊令人嘆為觀止。我浮上海面，坐在岸邊，脫掉蛙鞋，整個人像是陷入半催眠狀態；不遠處，有隻漆黑的燕鷗棲息在樹枝上，發出尖銳的鳴聲。烏龜／牛在海底嚼食海草，穿著泳褲的粉紅色雲朵漂浮在牠們上方。

喬納斯船長跟我們說，他在二十歲那年，就獨自駕著帆船，橫渡大西洋；有一天晚上醒來，看到一隻發亮的長鬚鯨跟著他的船游了一小段路。我們並不完全相信他的故事。可是在日落之後，天空中星光點點，我們在海上看到怪異的光；我定睛一瞧，看到游來游去的魚都在發光，彷彿他們身上帶有輻射似的。我拿起魚竿，在水面上劃了一條線，看起來就像在水底畫了一幅北極光。我們紛紛跳進黑暗的水裡，結果身上也像是塗了一層發光發亮的塗料；那是磷光，一種夜光生物，會發亮的單細胞生物。我抬起手來，看到皮膚上佈滿了小小的光點，數以千計的光點。

在小馬丁尼克島上，我們遇到一群人，他們正從被丟到潮位線上的一堆海螺中尋找貝類。

「老兄，你從哪裡來的？」那位潛水捕海螺的人問。

「冰島，」我說。

他撿起一個白色的大海螺，遞給我。

「送給吉爾菲．西古德松（Gylfi Sigurdsson）！」

如果一位捕海螺的潛水伕都認識一位冰島的足球選手，那麼我想，足球真的能將我們團結在一起。這個島上的村莊都破爛不堪，但是海峽的另外一邊卻是遊艇和豪華度假別墅。小馬丁尼克島的平均年收入，恐怕還不夠在這些別墅住一晚呢。島上居民人數也在減少，因為大多數人都到較大的島尋找機會，或者乾脆搬到格瑞納達、英國或美國。他們主要的工作就是滿足有錢人想要住在天堂的夢想。

我們抵達托巴哥。這座熱帶森林小島是千里達的小妹妹，面積不過三百平方公里，還不到瓦特納冰川的百分之五。我們開進了一個叫做英國人灣（Englishman’s Bay）的小海灣，那裡有個半月形的沙灘，還有一間小破屋。數以千計的鵜鶘棲息在海面上，頭上有軍艦鳥盤旋；這種全身漆黑、尾巴分叉的鳥，像是皇室尊貴版的北極燕鷗——的確，牠們的學名，意思就是華麗的軍艦鳥，*Fregata magnificens*。牠們身手矯健地鑽進海面下，尋覓看似數量豐足的食物。我們小心翼翼地涉水而過，但是這種鳥很溫馴。我戴上蛙鏡，看到一群小魚，像是一條發亮的銀色緞帶從眼前游過，好像是沙丁魚或毛鱗魚；魚群圍成一個大圓圈，像是在海裡閃閃發亮的漩渦，我潛泳穿過漩渦，抬起頭一看，正好在一隻褐鵜鶘（*Pelecanus occidentalis*）的旁邊。牠有一顆超大的灰色頭顱，看起來古意盎然，似乎完全無視我的存在。我朝牠扔了一塊洋芋片，牠很快就用大嘴從水裡舀起來。褐鵜鶘的臉跟軍艦鳥的尾巴一樣，看起來都很古老，像是從某種早已被人遺忘的鳥類祖先傳下來的物種。這般光景令神迷，彷彿時間靜止——這樣說也不為過，因為褐鵜鶘已經在地球上存活了四千萬年。

溫水珊瑚礁常見於北緯三十度與南緯三十度之間的海域，全球各地都可以看得到。地球上的珊瑚礁吸引了大量多樣的野生生物；海洋的生物多樣性有百分之二十五都在這裡，有時候又被稱為「海洋的熱帶雨林」。與整片海洋相比，牠們的面積很小，只生長在全球海域的千分之一。全世界最大的珊瑚礁是澳洲昆士蘭外海的大堡礁（Great Barrier Reef），數千座珊瑚礁連成一線，橫跨十四個緯度，綿延兩千三百公里、最寬的地方有兩百五十公里。這是海洋最珍貴的珠寶，也是地球上生物多樣性最大的家。根據澳大利亞海洋科學院（Australian Institute of Marine Science）的研究，澳洲大堡礁在二〇一六年和二〇一七年都發生過大規模的連續白化事件，導致大片礁區銳減，甚至消失。珊瑚礁重新生長的速度很慢，自二〇一六年以來，在大堡礁很多地方的珊瑚繁殖速度減少了百分之八十九。到了二〇二〇年，又發生了第三次大量白化事件，而且這種情況在全球各地都一再發生。

其實也有冷水珊瑚礁，只是比較不為所知。珊瑚通常會讓我聯想起棕櫚樹，但是在冰島南部海岸，卻可以看到冷水和深海珊瑚。研究過這些珊瑚礁的生物學家，將牠們的生物多樣性比喻成從沙漠走進果園。二十世紀中葉的拖網漁船漁民會說他們的漁網勾到巨大的樹枝，彷彿他們船底有個水下森林似的；其中面積最廣的珊瑚礁區稱為玫瑰花園（Rose Garden），但是很不幸地，大部份的冰島珊瑚礁都遭到摧毀殆盡，主因是在二十世紀使用了有欠思慮的捕魚工具——象徵著科技與人類力量進展到超過我們對自然所知範疇的那個年代。

珊瑚礁對惡劣環境、過度捕撈和城市、農業與垃圾掩埋場的廢水都相當敏感。

石油污染和防曬乳液中的化學物質也會傷害到牠們。海洋和陸地一樣，都會遭到熱浪侵襲；這些熱浪會在短時間內造成巨大的傷害，就如同森林大火和颶風頻率增加會帶來浩劫。溫度上升、酸鹼值下降和氧氣濃度減少，都在考驗珊瑚礁的耐受力，如今這三股力量連手進逼。跟冰川一樣，這幾百年來，有些地方的珊瑚礁範圍擴大，有些地方則死亡；但是絕少看到全世界的珊瑚礁同時為牠們的生存奮戰。據估計，在日本最大的珊瑚礁——位在沖繩外海——有百分之九十九都已經凋萎，只剩下百分之一還算健康。

關於大氣中二氧化碳濃度的資訊，絕大部份都來自基林在夏威夷的茂納洛亞火山所做的測量，自一九五八年以來不曾間斷；這些資訊繪圖之後就成了基林曲線（Keeling Curve）。至於海洋酸度，時間維持最久的不間斷測量，則是在冰島最北部的海洋科學家喬恩·歐拉夫森（Jón Ólafsson）；這些資料可以回溯到一九八四年，雖然還沒有被命名為歐拉夫森曲線，不過卻已經顯示海洋酸度與鈣飽和度出現明顯且快速的變化。

長久以來，海洋吸收二氧化碳被視為大氣暖化的緩衝：我們排放的二氧化碳，有百分之三十被海洋吸收。可是我們已經知道，二氧化碳在海中並不會消失，就如同在空氣中一樣。二氧化碳增加，導致海洋酸化；這三十年來，海洋的平均酸鹼值已經降低了零點一，顯示酸度提高。

這又回到語言的問題：酸鹼值是一種對數度量，但是我們習慣直線性思考，如英里、公克、年份、度數。在對數刻度中，每一個單位是以十分之一的幾何級數增加，完全不符合我們的思考邏輯。假設牛奶是以對數刻度計算，這個單位就稱之為「哖」好了：一公升的牛奶等於一哖，那麼十公升的牛奶就是兩哖，一百公升就是三哖。若是使用這種刻度單位，人很容易搞混，點了三哖（一百公升）的牛奶，而不是一點三哖（兩公升）。對數刻度很適合那些數學頭腦，但是對一般人來說，太不實用了。

當科學家發出海洋酸度變化的警訊，說酸鹼值從 8.1 pH 降至 7.8 pH 時，我們無法認知其中的差別：不論是貨幣、百分比、公尺或年份，零點三都是很小的數目；就算是以百萬元為單位，零點三也不是一個大數目。事實上，在我們所有的計算之中，零點三都可以算是誤差範圍。孩子的體溫若是升高零點三度，那一天還是要去上學；零點三就被四捨五入，變成了零。像如此重大的事件使用對數刻度，就可能像是沒有形容詞的語言。舉例來說，人體血液有一定的酸度，可以承受酸鹼值在7.35至7.45 pH之間的波動；如果達到最高或最低限度，人就會生重病；一旦數值超過了限度，就很可能導致器官衰竭，甚至死亡。海洋酸度對許多動物物種而言，就跟血液酸度對我們一樣重要。事實上，酸鹼值0.3 pH所代表的變化，其嚴重性大到必須以大寫粗體字來強調，還要再加上二十個表情符號才夠。然而，零點三這個數字，仍然就只是個黑洞。

海洋酸化的一個後果就是海水的鈣飽和度降低，海水就會變成不完全飽和。簡單的說，過度飽和的海水富含碳酸鈣，又稱之為石灰岩，因此就會有足夠的原料，供應那些需要用到石灰——又名霰石——的生物，這種原料是貝類和甲殼類生物的建材。過度飽和的海水會排掉過多的石灰，而不完全飽和的海水則會吸收石灰，融解貝殼與珊瑚礁。你可以說這是海洋性質的根本改變，而且對較冷的海水所造成的影響，會比較熱的海水更大。酸度會衝擊到有殼翼足目（Thecosomata）生物，也就是海蝴蝶（學名「駝蝶螺[27]」）——牠們提供了太平洋鮭魚所需食物的百分之四十。

《維京水手雜誌》（*Viking Seaman's Magazine*）曾經刊登一篇寫得很美的文章，描

27 編註：原書用 sea butterflies，俗稱「海蝴蝶」；學名為「駝蝶螺」（Cavoliniidae）。

述這種長了翅膀的小動物及其在冰島海域中的角色：

絕少有人想像得到海生螺與貝類可以悠然在大海中暢遊無阻。然而，所謂的海蝴蝶[28]就是一種像浮游生物的螺貝類，終其一生都生活在海裡，揮舞著某種翅膀，在水中迅速地飛掠而過，以免沉入海底。這種動物大多體型很小，小到人類幾乎不知道牠們的存在；牠們身上揹的碳酸鈣殼就是身體的骨架，而且花紋美麗，不下於生長在陸地上、體型較小的典型蝸牛。然而牠們的石灰殼薄如蟬翼，近乎透明，以免壓垮了揹殼的主人。老一輩的漁民有時候會在鯡魚腹內發現褐色的黏稠物，那就是脫殼的海蝴蝶：薄薄的螺殼在鯡魚的肚子裡輾成碎屑。這意味著海蝴蝶的數量驚人，否則不會在我們稱之為浮游生物的多樣生物之間脫穎而出。

針對駝蝶螺所做的實驗顯示，在酸性海洋中生長的海蝴蝶，身上的殼較那些在健康環境中生長的同類要薄的多，因此牠們的防衛能力就比較弱，也更容易遭到碰撞，要花費更多的能量來建構維繫牠們身上的殼。海洋中其他必須仰賴碳酸鈣成形

28 同前註。

的生物也是一樣。

如果酸化與暖化打亂了像橈足類動物的生命周期，例如紅色浮游生物飛馬哲水蚤（*Calanus finmarchicus*），海洋的養分循環就會整個崩潰。紅色浮游生物就像是海洋的漂浮營養補充劑；牠們跟其他浮游動物與浮游植物一起，共同形成北方海洋生態的基礎。

浮游藻類透過行光合作用，製造了地球上百分之六十的氧氣，但是全球暖化和海洋酸化卻不利於它們的生長。成年的魚類和磷蝦似乎還能容忍相當的酸度變化，但是幼蟲階段的海洋動物就對溫度、鹽分濃度、酸度與鈣飽和度十分敏感；如果這些因素全都亂成一團，那麼形成食物鏈底層的物種就可能集體崩解。

海洋酸化是地球在過去五千萬年來經歷過的最大的一次單一地質事件。這又引出了另外一個我們難以理解的概念：**時間**本身。儘管我們說時間是線性概念，但是要我們想像海洋在未來一百年的變化會比過去五千萬年還要大，仍不失為一大挑戰。人類到冰島開墾的時間非常短，不到我祖母生命的十二倍：只有一千一百年；從這個角度來說，冰島的歷史也不過就是十二個像我祖母這樣的女人的連續生命故事。十二個女孩子從出生到過完一生，每一個都像一眨眼似的；十二個九十幾歲的女人伸長雙臂，像是做水底體操一樣，手掌貼著手掌，連在一起。她們的眼睛發亮，因為時間過得太快，她們的眼睛都還沒有意識到自己已經快要一百歲了。時間過得好快，連耶穌誕生也不過就是二十一個祖母以前的事；就算連她們的丈夫全都算進去，也是一輛市區巴士就可以全部載走。人類最早的文字紀錄可以追溯到五千年前，跟海洋的五千萬年歷史相比，那時候發生的事情，差不多就像是昨天；而第一個人類出現，也不過就是再前一天的事情。

二〇〇九年，「海洋酸化」一詞在冰島刊物中出現了三次，這個頻率跟許多其他國家大致相同。當約爾根給我們自由時，我們花了一百年才理解這個詞彙的意思；但是三十年前，我們就需要理解海洋酸化了。如果海洋的酸鹼值降到 pH 7.7，其後果遠比這幾個字要恐怖的多。大家可以質疑氣候變遷，對大小冰河期指指點點，但是對海洋酸化卻不能如此。我們眼前看到正在發生的過程，絕非我們在冰河時期看到的波動所能比擬。

我曾經對巴黎協定和國際氣候會談充滿希望，一心以為世界各主要國家領袖就地球平均溫度不會上升超過攝氏兩度達成協議之後，就可以讓我們保持在風險範圍之內；只要超過這個範圍，就是危險區。但是我遇到的學者卻跟我說，事實並不是這麼一回事；他們說，溫度上升兩度，各種災難就已經會發生了。我遇見瓊妮・席格（Joni Seager），她談到「氣候恐懼」（climate horror）——沙漠化、水源短缺以及因此引爆的戰爭。這讓我大驚失色，因為我一直頭腦簡單地相信我們可以「堅守」攝氏兩度。即使是兩度的目標，似乎也遙不可及；這個世界正朝著上升三度，甚或四度的方向邁進。我們賴以生存的世界目前面臨不確定性；科學家很想找出人類想像所及最複雜的系統，但是我們對於臨界點在哪裡，卻毫無頭緒。試想：覆蓋在山上的積雪原本都好好的，直到有一片雪花飄落，破壞了原來的平衡，導致積雪崩落，沿著山坡傾瀉而下。在臨界點到來之前，大塊積雪都文風不動；然後就突然崩塌，一切都為之改觀。

講到有明確臨界點的物質，水就是一個很好的例子。當冰的溫度從攝氏零下五十度上升到零下十度，什麼事都不會發生；甚至當冰的溫度上升到零下五度或零下一度——已經有四十九度的變化——也還是一樣。但是，只要再多一度，一切就不同了：冰變成了水。北極與格陵蘭是世界上最大冰層的家，我們不知道現在距離那個臨界點還有多遠。海平面上升幅度的預測可能有高達十公尺的偏差；海洋酸度下降 0.1，甚或 0.2 pH，或許人類也無法估算有什麼重大影響。但是只要再多那麼零點零零一，就可能一發不可收拾，再也回不去了。

另外一個造成不確定性的臨界點，就是在阿拉斯加、加拿大和西伯利亞的永久凍土。如果冰封數千年的土壤融解，裡面的微生物就會開始活動，釋放出氧化亞氮——也就是笑氣——比二氧化碳的威力還要強三百倍的一種溫室氣體；另外，也會釋放出甲烷——比二氧化碳的威力強二十五倍的溫室氣體；在此同時，我們也會看到原本冰凍的土壤氧化，排放出跟濕地乾涸時一樣多的二氧化碳。這些排放會讓地球加溫，又再釋放出更多的甲烷與氧化亞氮。一旦這樣的程序啟動之後，我們所有關於透過飲食和「飛行恥辱」（*flygskam*）來減少碳足跡的討論，都會顯得可笑至極。這樣的連鎖反應會讓地球進入大氣與氣候完全混亂的時期，唯一的應變計劃，就只剩下囤積乾糧和繫好安全帶了。

二〇一八年，在波蘭卡托維奇（Katowice）召開的聯合國氣候大會發出了緊急呼救。大衛・艾登堡[29]上台，以罕見的嚴厲口吻說：「如果我們不採取行動，我們文明的崩壞和大部份自然世界的滅絕，就近在眼前。」

對大多數人來說，這仍是馬耳東風；但是某種理解似乎已經開始成形。大會傳

29 譯註：David Attenborough（1926 年生），英國國家廣播公司自然科學節目主持人、自然歷史學家與作家，曾受封為爵士。

達的訊息很清楚：人類務必確保地球溫度不會上升超過攝氏一點五度；一旦上升攝氏兩度，就會出現沒有人能夠接受的犧牲。

我在線上串流看了一場科學家的聚會，也是跟氣候大會相關的活動。如果以慎重保守來形容與會的講者，或許並不為過。他們的情緒都很內斂；我又再次想到集體無感與集體歇斯底里。一名海洋生物學家上台，顯得特別樂觀；他說，我們必須達到攝氏一點五度的目標，因為這樣就**只有**百分之七十到九十的珊瑚會消失，如果是計劃中的上升攝氏兩度，珊瑚就會全部死亡。他說得好像這是一個值得奮鬥的目標。雖然我對這個議題很有興趣，但是卻不知道這件事。難道他是非常直接地跟我說：就算我們達到保持地球暖化在攝氏一點五度之內這個幾乎不可能的目標，世界上也還是有百分之九十的珊瑚會死掉嗎？大家在決定是否要將目標調整到攝氏兩度時，知不知道這件事呢？有沒有一群議員代表地球上的住民同意此事？我回想過去這幾年的新聞報導，不記得電視廣播曾經插播這樣一個決定，也不記得有哪個國家經過選舉，授權選出來的政府犧牲掉世界上的珊瑚礁，更不記得珊瑚礁曾經被用來當做談判的籌碼：「汽車製造業公會慶祝大獲全勝，珊瑚礁大敗。」

這為什麼沒有變成一件「大事」？我記得雙子星大樓倒塌和黛安娜王妃意外死

亡時，我在哪裡；我媽媽也記得甘迺迪遭到暗殺時，她在哪裡。但是當人類簽署了珊瑚礁的處死令時，你在哪裡？

我在一個加油站，準備要買一呎長的潛艇堡，可是很奇怪，顧客站在那裡像是癱瘓了似的……

「發生什麼事了嗎？」我問。

「完了，」店員眼眶噙著淚水跟我說。

「珊瑚礁沒了。」

那位海洋生物學家顯然比任何人都要更了解珊瑚，但是他並沒有抓狂，沿著走廊狂奔，還一邊嘶吼著：「你們都睡死了嗎！難道你們不知道發生什麼事了嗎？」我們這一代決定要犧牲珊瑚礁，而牠們只是整體情況的百分之一。海洋透過海面浮游生物的光合作用製造了地球上百分之六十的氧氣，沒有人知道牠們的臨界點在哪裡，然而到達那個臨界點，卻是一個地球上沒有人能冒的風險。

二〇一八年秋天，我做了一場關於時間與海洋的演講，原本計劃要播放一段托巴哥海灣裡的海龜影片，跟聽眾分享海洋生物學上關於珊瑚死亡的發現。我在講稿中寫道，或許這意味著我在跟這些海龜道別；他們長達三千五百萬年的歷史告終，全因為人類決定名牌商品與企業比海龜和珊瑚礁更重要。我十歲的女兒胡爾達．菲莉媞亞也坐在台下聽演講，我看著她的眼睛，剎時間，感到難以置信的悲哀。我不願意澆熄她眼中的光芒，因此沒有辦法播放這段影片，無法說明這個美麗的動物物種及其環境會遭遇什麼樣的未來。我不想在滿座的聽眾面前流淚。

未來的世代會質問，在決定要犧牲掉所有珊瑚礁時主導地球的世代有什麼樣的價值觀與優先考量；他們會看著燃燒的資料，發現世界上最富有的一些國家不認為有需要緊急立法，遏止浪費、燃燒與揮霍無度。西方國家一般車輛的耗能比設計最好的汽車高出兩、三倍，比設計良好的公共運輸則是高出十倍，比腳踏車與電動單車更是高出一百倍；一般冰箱的耗能比設計較好的新款冰箱要高出三倍；生產一塊牛排所排放出來的二氧化碳，比生產植物類食物的排放，要多十至三十倍。他們會看到我們心目中的優先順序，自行評斷。即使我們發現城市間的短程飛行所造成的衝擊，卻仍然不加以限制；我們未曾實施興建風電機與太陽能電場的馬歇爾計劃；

世界上的工程師也沒有接到像登陸月球這樣的挑戰。事實上，我們對於污染和排放的自由，沒有任何限制。自然沒有任何權利可言，不受污染的自然被視為低度利用的原料。對於侵害這個星球的犯罪行為——相當於種族滅絕的「生態滅絕」——我們也沒有計劃要採取任何大型的補救措施；如果有生態滅絕法，就可以起訴那些摧毀生態系統的人，只是目前沒有國際認可的生態滅絕罪。

意識型態的論辯，左派右派、自由保守之間的爭議，會持續下去；然而，當某一個世代的行動對未來世代造成難以估計的傷害，剝奪他們許多的價值，卻沒有任何意識型態或法律可以制裁他們。我們期望政府能夠盡責，限制個人傷害其他人的自由；但是如果這個體系不容許我們在這方面想到幾十年後的未來，那就是民主的謬誤。商業利益與人類的舒適享受，被視為比海洋、空氣和全世界的未來子孫還要更重要——一直都是如此。

在阿斯嘉德[30]，眾神與巨人達成協議，要巨人替他們興建一座城市，但是事成之後，眾神拒絕支付報酬；只不過當冰霜巨人採取行動時，眾神卻付出更高的代價。今天，全世界的冰川都在融化，讓人迷惑的冰霜巨人重獲自由，一頭跳進北極的海洋裡，冒著白色泡沫的溪流在山上出現，化成巨浪衝進城門。

30 譯註：Asgard是北歐神話中亞薩神族的地界，又稱為亞薩神域。舉凡奉奧丁為主神的神都住在這裡。

如果我們想要拯救珊瑚礁，就必須倒帶。專家歸納出珊瑚礁在二氧化碳低於 350 ppm 的氣候中就會展現蓬勃生機；我們早就超過了這個限度，已經達到 450 ppm。有鑒於此，我們必須立刻踩煞車，將所有排放倒回二十五年前的程度。如果我們是理性的生物，看到我們正要失去海洋這個皇冠上的珠寶，一定會採取行動的，對不對？如果高山上冰凍的牛、動物之王、全世界的耕地都岌岌可危呢？我們會怎麼做？還需要更多的證明嗎？

我們還是不知道嗎？

21
也許什麼事都沒有

我從三歲到九歲都一直住在美國，在我們家後院的池塘裡抓青蛙、蝌蚪。然後我們搬回冰島，突然間，來到這個國家最北部的梅爾拉卡斯列塔，離北極圈只有三公里，住在當年蒂莎奶奶與喬恩爺爺度過夏日的廢棄農莊。房子裡沒有電，必須要砍漂流木來燒水，就連水也是要到海邊的一個泉水，用桶子拎回來。我在那裡有一種很特殊的感觸，一種無法以筆墨形容的感覺，像是某種文化衝擊。海灘上的所有生命幾乎都變成一種挑釁：成群的北極燕鷗、擠在一起的絨鴨、黑背鷗、繞著沼澤跑的幼鳥、從海灣探頭出來的海豹。我發現對我影響最深的不是生命，而是死亡；即使只走一小段路，也是每一步都會踩到死亡：還連著翅膀的海鷗胸骨，有張怪獸臉的死鯰魚，還有四腳朝天的羊，眼窩塞滿了蠕動的蛆；到處都是骨骸，還有鳥喙、蟹腳，整個海岸都鋪滿了死掉的海草。黑背鷗在絨鴨巢上盤旋，倏地俯衝下來，再出現時嘴裡就叼著一隻蠕動掙扎的幼鳥；賊鷗將絨鴨叼到喬恩爺爺的來福槍射程以外的海灣，在那裡將絨鴨溺死。有時候我們會發現奄奄一息的幼鴨，想要救牠們，不過牠們都還是死在我們的手心，最後埋在房子後面的小小墓園。

城市裡沒有死亡。動物園裡的動物都是活著的；除非是看到蛇吞兔子或老鼠，否則看不到死亡。在公園裡，一切都是經過精心安排，就連農場裡也沒有動物屍體或骨骸：動物都好好的活在柵欄、畜舍或豬圈裡，也都分門別類，還有人幫他們洗澡。在雜貨店裡，一排又一排的貨架上有肉製品，但是不會讓人聯想到死亡，而且通常也很難看出裡面是什麼樣的肉。

我小時候第一次橫越冰島高地，是坐車穿越北部的大片沙地，一切都看似沒有生命，而且危機四伏。我們開了好幾個鐘頭的車，經過荒原與沙漠，一個神祕的地方，還有充滿憂傷氣息的地名：Viti（地獄）、Daudagil（死亡峽谷）、Ódádahraun（惡行火山熔岩場）。乍看之下，一切都是沒有生氣的灰色，然而在這裡，最重要的卻不是死亡，反而是生命。土壤看起來很灰暗，但是仔細一瞧，其實是一座花園。在石頭縫隙中長滿了小花，彷彿是園丁不辭辛勞地一朵朵插在那裡似的。牠們是如何在這種地方找到養分、生根開花的呢？小水坑裡長出一片帶刺的草葉；融化的雪堆中，可以看到薄薄的冰層底下，有霓虹綠的苔蘚冒出芽來。

有地熱的地區，會冒出滾燙的溫泉；在溫泉底部或是邊緣，你可以看到一種神祕的黏稠物質，浮在沸騰的泥坑表面上，形成一層薄膜，看似菌群，像是地球最原始的岩漿裡出現的第一個有機物。起初讓我以為象徵死亡與毀滅的地區，反倒成了生命演化的最佳例證。叢林裡的生命包羅萬象，俯拾皆是；但是高地這裡卻是一片光禿禿、毫無遮蔽的荒蕪，每一個葉片都是奇蹟。

其中，我認為最美的地方就是阿斯基亞，那裡有冰島最深的湖泊，而且自一八七五年火山爆發形成之後，就沒有受到任何破壞，一切完好如初；也就是說，它比紐約的布魯克林橋還要年輕。我們肉眼所見的世界其實都是過往的遺跡，以前那些地方的樣貌可能完全不一樣。或許，現在是一片無際沙漠的斯本雷吉森達（Sprengisandur），在殖民時代仍是草木扶疏；讓我神往的斯本雷吉森達，若是有一千年前認識它的人看到它現在的樣子，或許會傷心落淚。在梅爾拉卡斯列塔平原，所有的海灘原本都擠滿了大海雀與海象，如今全都杳然無蹤。即使地貌再次改變，未來也一定會有人覺得討人喜歡；人都活在他們當下的那個世界，他們習慣了環境，也無法浪費太多情緒去哀悼每一件曾經改變的事物。幾乎在每一種環境中，我們都能找到美的事物；有人住在沙漠，也在空無一物中找到美感與深度——住在幾乎看不到花草樹木的極區，同樣也會有人找到美感。

大約兩千年前，冰河時期的冰川完全覆蓋住冰島。這個國度在兩公里厚的冰層底下沉睡了數萬年，連火山爆發也無法讓它驚醒。在冰川底有高山、有深谷，但是無情的冰卻徹底毀滅了曾經覆蓋土壤的地景——那是很久之前，離人類登場還有好長一段時間的事。

在冰河時期開始之前，西峽灣區有巨大的松樹和鹿木生長；峽灣裡有海象，河裡有水獺游泳，樹梢有啄木鳥，或許晚上還能聽到蟋蟀的叫聲。然後冰河時期的冰川覆蓋了整個斯堪地納維亞、大部份的北歐、全部的加拿大和一大片的美國。在紐約的中央公園，仍然可以看到冰川磨蝕形成的小丘——稱之為羊背石（roche moutonnée）。白色死神一度躺在這些國家的身上，像是沉重的包袱，讓所有一切都脫了水。如今，在斯堪地納維亞，幾乎找不到活了一萬三千年以上的生物。在一萬一千年前的冰河時期，冰川比冰島還要大；今天，在布雷達峽灣的海灣中央，離岸好幾哩遠的海裡，都還看得到端冰磧，也就是冰川消融時因故暫停而留在原地的遺跡。冰河時期像潮水一樣有進有退，只不過規模更大。冰川後退，讓人可以開墾，興建城市；然後地球的軸心又進一步傾斜，繞行太陽的軌道出現怪異的變化，導致北半球的夏天縮短，讓冰又再次蔓延回來。要蝕刻出一座美麗的峽灣，需要不只一個冰河時期；在挪威、冰島和格陵蘭的峽灣，是經過一次又一次的冰河時期才創造出來的。這一百萬年來，冰河時期周而復始，以每十萬年為一周期，其中九萬年都在堆積冰，但是融得很快，接著就是一萬年的間冰期；然後又開始另外一個周期，像是呼吸或是季節更迭，不過卻是以地質時間刻度進行。一千年的夏天，然後是一千年的冬天。我們就像鷸鳥一樣，一看到地球露臉，就趕緊衝到淤泥灘覓食，等到下一次氾濫，又再飛走；也像是遷移到夏令營避暑，等到冬天來臨，又搬回南部。我們在此築巢，孕育好幾代的子孫，可是白色的冰橡皮擦一來，就無情地摧毀一切。二〇一六年，《自然》期刊上的一篇文章指出，人類對這個星球的影響，可能足以讓下一個冰河時期延後十萬年。我們的力量足以改變冰河周期。

冰川膨脹增厚，吞噬掉萬物，沒有任何良知，也無關經濟成長、工業、貪婪、環境評估或國際會議。冰川銷毀一切，就像藝術家在完成了作品之後，又加以摧毀。五萬年前，北極燕鷗在哪裡？會是在諾曼地或西班牙海岸嗎？塘鵝與烏鶇又在哪裡呢？還有海豹和海象呢？一隻鳥要花多久的時間，才能完全發展成北極燕鷗，從南非一路朝北，飛到北極呢？應該不可能是一萬五千年前吧。那時候，這裡什麼都沒有，就只有緜延不絕的冰，從冰島一直延伸到北極。這在什麼時候變成生物的天堂？

最完美的狀態——也就是地球上的動物和平共存，形成平衡的狀態——會在什麼時候存在呢？

一萬五千年前的海平面比現在低了一百二十公尺。在那個時候，英國還不是島，而是歐洲的一部份；長毛象與長毛犀牛在冰層的邊緣漫步，洞熊與穴獅藏身在洞穴中，人類則散居各地。或許，就是那個時候，在那個地方，人類就已經開始消滅其他的物種，不過面對即將到來的植被變化與溫度上升，也少有物種能夠忍受就是了。

世界上就沒有所謂的永恆地景，自然本來就不是固定的，變化才是它的本質。如果沒有氣候系統和火山活動，或是引導潮汐的月球，地球可能早就已經死了，即使活著，最多也只是一個長滿藻類臭球而已。自然像是印度教中的迦梨女神（Kali），不管創造什麼生命，都立刻摧毀；她一邊性愛，一邊殺戮，因為創造與毀滅本來就是同時發生；在自然界，二者之間沒有差別。就算時光倒流，不管我們回到哪一個時間，自然始終都是對的，它永遠都是真實、正確的。創造也是一種改變。萬物都處理變化的過程中。在自然界，瀑布逐漸形成深壑與湍流；冰川要不是退後，就是橫掃整片大陸；地殼板塊彼此碰撞，將山脈擠壓到高達天際，而其他大陸則被吞沒，消失在熾熱的岩漿之中。

曾經存活在地球上的物種之中，百分之九十九點九九都已經滅絕。他們一個接著一個，因為自然的理由消失，也許是競爭導致絕種或是走進了演化的死巷。一個物種的消失，可能要花一萬年，不過有時候，一些大規模的事件也可能造成物種快速滅亡，例如巨大的火山爆發或是殞石撞擊。據估計，這一億年來，曾經發生過五次這樣的滅絕，我們現在啟動了第六次。

歐洲聚集了大量人口，原本在那裡的野生生物早已消失殆盡。地球人口正朝著一百億大關邁進，而可供人類利用的東西，我們一個也不會放過。目前，在非洲仍然有一些野生動物，但是人口達到一百億時，就不會有太多覓食空間留給瞪羚、長頸鹿和獅子，正如同北美大草原上不再有空間留給上百萬頭的野牛，德國也不再有空間留給漫遊的鹿群與狼群。反之，我們會看到田野被切割成方塊，如果不是拿來種植食物，就是用來製造乙醇或畜養牲口；野生動物就只能生存在狹隘局限的空間，在動物園，在小小的保護區，或是在試管和種子銀行。野生的大自然會與挪威狼、德國熊、尼泊爾老虎、冰島鷹等動物殊途同歸。人類是有情感的生物，在銀幕上播放野生生物的紀錄片和錄影帶，看到第六次大滅絕在眼前即時發生，會讓人感到痛苦。我們每天都看到犀牛、長頸鹿、大象、斑馬的數量日漸減少的新聞；地球生命力指數（Living Planet Index）顯示，在一九七〇年至二〇一四年間，所有被監測的脊椎動物物種之中，整體數目減少了百分之六十；到了二〇六〇年，這個數目會升高至百分之八十；到了二〇八〇年，更會高達百分之九十五。雞成了全球數量最多的脊椎動物；人類每年要吃掉六百五十億隻雞，不管在任何時候，全世界的雞隻總數都超過地球上所有其他鳥類加起來的數量，當然也比那些因棲地遭到侵犯、失去築巢地點而逐漸消失的鳥類要多，例如：金斑鴴、信天翁、鸚鵡、企鵝等。然而，地球上的鳥類總數不減反增，我們養了更多的雞，來補足這個缺口。地球成了肯德基炸星。

或許我們應該看開一點，用鐵石心腸與無感來武裝自己，找一個可以接受這些變化的哲學來安慰自己。如果我們活在冰河時期，就必須接受寒冷，跟冰的擴張共生；我們不要再留戀過去的動物，要擁抱當下的自己：黑太陽的子民。我們是因為意外的能源進入數學方程式之後才演算出來的結果，這個結果帶來了瀝青、塑膠岩層、垃圾山和雞隻爆量；這些都是一個靈長類物種在挖開地殼裡的碳脈、像海藻爆發一樣繁榮了數百年，卻又突然消失在青草與新的沉積岩層底下之後，所留下來的蛛絲馬跡。我們為每一個消失的物種，保留了一個新的品牌：「虎牌」、「蘋果」、

「亞馬遜」。每次有新的 Nike 球鞋上市，我們就在店門外搭帳篷漏夜排隊；就像浪漫派詩人以詩歌預告金斑鴴的到來。當然，球鞋也是自然，是人類冰河時期的一部份；既然人類是一種動物，我們製造的產品是自然，電腦也是自然，就像蜂巢或是石器時代的斧頭，經過了六千年，以愈來愈精確的方式，磨得愈來愈鋒利。

這樣想，就能拋開世界，逃避擔心地球未來的焦慮。凡活著的，必然會死。即使最可怕的火山活動發生了，還是可以找到俯拾皆是的美。我們坐在埃爾德熔岩場的苔蘚墳墓上，不會想到十八世紀的拉基火山爆發；我們開車經過北美一望無際的玉米田，不會想到那裡曾經有原住民和遍地的野牛；我們在諾曼地的海灘度假或是在漢堡街頭流連，也不會想到一九四三年的轟炸讓這裡陷入一片火海。不論在什麼地方，我們都感受不到歷史的重量，也不會在路人的眼中看到哀傷。二次大戰後，歐洲迅速復興，到了一九六〇年，就已經找不到死了五千萬人的痕跡，看不出倖存者曾經失去親人、殺過人或是逃離家園。或許，不管發生什麼事，到頭來，什麼事都沒有。我們並不會懷念遭到北海淹沒的古獵場；一旦全球海平面上升，未來的人也就無法懷念埋在水裡的東西。水會撫平傷痛，一切終究會死亡，但是同時又重生——永遠都是如此。

在冰川高聳入雲的地方，依然美不勝收。世界即使改變，人口就算倍增或減少，也未必會醜陋。我覺得若是自己能夠冷靜下來，那麼就算從現在開始，情勢每下愈況，但是到頭來，還是什麼事都沒有。我有點遲疑地往這個方向去想，不經意地走向虛無主義、冷淡無感；相信凡事都是相對的這種想法，有催眠作用，也確實很誘人，像是賽蓮女妖[31]的歌聲。我也想放手，看開一點，畢竟宇宙以十億光年的刻度計算，在這十億光年中，我們只是一點小火花而已，不過就是地球歷史上的另外一層灰燼：

什麼也救不了，事情過了，事情就過了。
他們會自己崩塌，再也不復存在。
你的生命留下小小的痕跡，小小的利潤，
然後，終究要結束。彷彿什麼事都沒有發生。

這是史坦因・史丹納的詩文，也是縱觀全局的一種方式。我是小草，長大後會掩蓋你的足跡。何必去投票，何必早上起床，何必洗澡去健身房，何必寫詩、愛人、

31 譯註：Siren 是希臘神話中人首鳥身的怪物，善於唱歌，會用歌聲迷惑往來的水手，使他們意亂神迷，最後失事死亡。

生小孩？所有的愛終將褪色，所有一切終將死亡。語言會消失，書本會發霉，歌曲會被人遺忘，藝術品也會變形，我們創造的一切終將淪為垃圾。這一切，就跟太陽終將變成一顆紅色大球吞噬萬物一樣，都無可避免。

* * *

阿尼·馬格努斯森研究所裡大量的錄音收藏中，最後的一筆錄音是在我出生前一天的晚上錄製的：一九七三年七月十三日。內容是在冰島北部格林姆塞島（Grimsey）的巴薩爾（Básar）錄到的環境聲音，你可以聽到霧笛、北極燕鷗和海浪拍岸的聲音，聽起來很奇妙、很迷人。海爾嘉·喬恩斯蒂爾（Helga Jóhannsdóttir）和喬恩·山姆松納森（Jón Samsonarson）兩人走遍全國各地，搜尋從小會唱民謠、知道可以追溯到幾百年前的口述傳統的人；但是在這裡，他們卻保存一段三分十五秒的格林姆塞島上的夏夜。保存了剎那的永恆。

我始終對這段錄音很好奇：他們是想要捕捉美感嗎？還是太專注在收音，所以想要錄下所有的聲音，包括格林姆塞島上永恆的拍浪聲？這是他們努力保存世上所有一切的其中一部份嗎？抑或這段錄音代表某種投降？

海爾嘉與喬恩走遍全國各地，搶救一個即將消失的文化中碩果僅存的片段。有時候，他們發現知道那首歌、那首詩或古老傳說的人死了、老了或是失去聲音，難以估算的資源就此消失在永恆。在我的想像中，那個七月的晚上，是某種與世界和時光流逝和諧共存的例子。萬物皆會流逝，一切都只是短暫的永恆，就像格林姆塞島上的海浪。想要保存任何東西，都將只是徒勞。

* * *

我可以接受這樣的哲學，並且在其中找到一小片庇護，逃避各種可怕的資訊，讓我仍然保有理性的小小空間。確實可能放手，隨波逐流，但是我擔心未來世代會鄙視這種立場，現在二十歲的人可能會認識並且愛著二一六〇年仍然活著的另外一個人。以世界上目前的情況來說，我們正走向某種程度的毀滅，而這個新興世代會評斷我們的生命為可笑又愚蠢，我們會被視為不夠開化又過於天真，就如同我們看約爾根那個時代的人一樣，不理解「自由」這個字的意義，所以讓一小群沒有武裝的壟斷商人緊緊地支配了整個國家。投降哲學也是我們任性的自我中心主義的另外一個象徵；就如同取悅獨裁者的藝術一樣，用來評斷我們創作的標準，將會是我們知道自己這種生活方式會造成的破壞。珊瑚礁與叢林之美、滅絕物種的尊嚴，這些都會與我們渴求並且只是短暫使用的廢物併排在一起，最後送進垃圾掩埋場。與腦珊瑚相提並論的東西，會包括：交通壅塞、我們每天扔進垃圾桶的衣服、浪費掉的食物、拋棄而最後進了垃圾山的飲料空罐，以及為了好玩而燒掉的石油。如果我們什麼都不做，就會變成繼承了天堂，卻一手摧毀天堂的那一代，全都只是因為我們堅持自己的利益和貪念。我們所做的一切都將淪為可恥的淚水，因為我們創造的一切都無法與海洋本身相提並論，不像冰川給人帶來那麼多的想像，也不像夜裡的雨林那麼神祕。如果我們必須對科學視而不見，拋棄未來世代的生命與幸福，才能有所成就，那麼我們所做的一切都將不值一哂。

要如何理解這些數字？有一條巨大的石油河，六百六十六座爆發的火山，一天一億桶石油，數以億計的車輛排成一列，像一條火山熔岩滙聚的河流，沿著街道轟隆隆地向前衝。每年生產的新車若是首尾相連，可以繞地球四圈，像一條大蟒蛇緊緊纏著地球；如果射向太空，可以在地球上空一千公里遠的地方，形成兩道土星圈，只要抬頭望向天空，看到兩圈閃閃發亮的汽車，象徵人類的力量，那是多麼壯觀啊！不過那也只有在它們如流星雨般墜毀地球之前。人類歷史上從未有七十億人之多，也從未在同一時間點燃這麼多的火。現在我們應該要有跟以前不一樣的想法，不一樣的做法；我們擁有一切工具、設備與知識，就只欠動手去做而已，如果不做，不但辜負我們的祖先，也對不起未來的子孫。這些字開始捲進黑洞的漩渦了。該去拜訪一下聖人。

22 在達蘭薩拉的會客室訪問達賴喇嘛

二〇一〇年六月九日

我們飛到德里，住了兩天。我從未去過印度，也未曾體驗過當地的生活型態。我不習慣這樣一大群人，也不習慣這種燠熱天氣，覺得自己不知所措又疑神疑鬼，不知道那些人是要來幫忙、來搗亂，還是來騙我——抑或三者皆有。裝飾華麗的塔塔貨車在街頭呼嘯而過，活似投胎轉世的犀牛。人群摩肩接踵，看不到盡頭；穿著美麗服飾的人群，有老有少。我一個外國人，膚色蒼白，顯得格格不入。

我們經過一座印度教的廟宇。我突然想到，如果基督教信仰不曾在西元一千年左右傳到冰島，不知道冰島會是什麼樣子？我們祭拜的神明肯定會像印度教一樣多種多樣，有各式各樣的神像：藍色的奎師那[32]，還有主掌時間、毀滅與創造的迦梨女神。此外，還有濕婆陽具崇拜的象徵；有伽摩忒奴，她的腳化為山脈，像是喜馬拉雅山；有象頭神迦內什[33]，身旁圍繞著閃爍的迪斯可燈光、塑膠花與焚香，簡直就是古代的收音機。

---

32 譯註：Krishna是印度教主神毗濕奴（Vishnu）的化身之一，又名黑天神，最早出現在印度史詩《摩訶婆羅多》（Mahabharata）。奎師那的傳統形象為穿著黃色布褲、頭上戴著孔雀羽毛、吹著牧笛的小孩子，皮膚為黑色或藍色。

33 譯註：Ganesh，又名甘尼許，是印度三大主神濕婆（Shiva）與雪山女神帕爾瓦蒂（Parvati）的兒子，傳統形象為象頭人身，主要象徵智慧、財富、美滿和幸運等人生的美好面。

我們繼續往下走：一名盲眼婦女伸出一隻手，身後跟著一列送葬的隊伍，一名婦人躺在黃色鮮花底下的棺架上。對我來說，看到這個死人，有些不安。我們周遭都是令人震驚的生命，不過也有顯眼的死亡：死老鼠、死狗、還有一個垂死的男人蜷縮成一個球，身邊卻有一名婦人在餵母乳。全都混在一起，讓我感到數千年的緜延不斷；所有的新事物，同時也有一點古老。不久，我開始發現一種混沌中的流暢，開始意識到每一個人都遵循某種舞蹈或節奏。除非我學會了這支舞，否則永遠都過不了馬路。我向前邁進一步，一名貨車司機踩下煞車；我再邁出第二步，一台摩托車煞車了，以此類推。這裡的社會似乎比我在中國看到的更複雜、敏感，根深蒂固的階級區別，並沒有因為無產階級文化大革命而稍有稀釋。但是，數十億人還等著脫離貧窮，而最快速的方法，就是善用我們現有的科技，在火裡加更多的煤，多爆發幾座火山，增加石油河裡的流量。

我們搭乘小型飛機到達蘭薩拉。山上的村落比較舒適、寬敞，空氣也比較新鮮。道路兩旁有很多塑膠和垃圾，看起來有點簡陋，不過仍不失迷人。外國遊客小心翼翼地不跟我們有眼神接觸，確保照片中不會有西方人入鏡；他們希望回家之後，可以聲稱自己經歷過奇特而未知的事情。到處都有穿著及地深紅色長袍的年輕人在唸誦晨經，有些坐在咖啡店裡，手裡還拿著手機，聖牛則在一旁嚼食垃圾。我們漫步走過寺廟的花園，突然聽到一陣喧嘩——提高音量的大吼大叫——好像是一群人在吵架，結果卻是好幾對僧侶在練習辯論技巧，幾乎像是邏輯與修辭的武術。一個人站著提問，另外一個則坐著回答。問的人根據菩薩道以藏文提問，由另外一個人回答，如果答錯了，問的人就會大吼一聲，揮出拳頭，不過是揮空拳，而不是打另外一個僧侶。

我們從僧侶旁邊走過，來到達賴喇嘛的居所；他跟流亡政府自一九五九年逃離西藏之後，就一直在這裡。經過安全檢查之後，有僧侶前來迎接，帶我們去他的會客室，裡面以金、藍、紅三色，依照藏傳佛教的傳統，佈置得富麗堂皇。曼陀羅、圖案與象徵，都有古老的根源，可以追溯到西藏山區。他的助理先出來歡迎我們，然後達賴喇嘛走進來，替我掛上一條白色圍巾。他說，他在冰島時希望有多一點時間可以到處看看，他還想再回去。

我跟他說，我還在研究歐德姆布拉，還在研究時間、冰川與聖水。

「啊，對了！那頭神奇的牛，」他說著，笑了起來。

我說我在寫一本書，講的是影響到世界變化的一切。

TIBET
ONE PEOPLE
fifty years
1959

「您是一三九一年以來第十四位轉世的達賴啦嘛，但是讀了您自一九三五年以來的人生，感覺好像您這次轉世就已經活了十世的人生。」

「在某種程度上，這樣說也沒錯。我出生在貧困的鄉村，在那裡度過了人生的第一年，然後就被帶到拉薩，正式成為達賴喇嘛，西藏的宗教領袖。但是實際上，我只是一個坐不住的小和尚，一心只想玩，不想讀書。讀書是很沉重的負擔。因此，我的老師必須用鞭子打這個坐不住的年輕和尚。但是那個時候，我跟我哥哥一起讀書，所以老師有兩根鞭子！一根是普通的鞭子，另外一根則是黃色的聖鞭，用來打神聖的學生！我是個急躁又愚笨學生，老師必須常常用到鞭子。」

他的身子略向前傾，開懷大笑。

「但是我的大腦知道，聖鞭不會造成靈魂的痛苦，只有普通的皮肉痛。哈哈！因為怕痛，所以我一直讀書。這樣就是一個人生。

「後來，到了我十六歲那年，中國共產黨入侵，我失去了自由，於是展開了第二個人生，另外一段時光，維持了九年。」

「您在這段時間跟毛主席維持外交關係。」

「對，當然。我在一九五四年和一九五五年見面毛澤東好幾次，他把我當成是親生兒子一樣看待，我們的關係非常親密；我很景仰他。起初是有一點猜忌，但是後來我到了北京，見了他和其他人好幾次，該怎麼說他呢，自由鬥士、共產主義者、很好的一個人、致力於謀求人民的福祉，尤其是勞動階級。我變得非常嚮往社會主義和共產主義，甚至還問中國政府，我可不可以加入中國共產黨。就是有這樣的信仰與信任。從內地回來之後，我深信在毛主席的領導之下，藉助中國共產黨幫忙，西藏一定可以發展得起來。可是後來在一九五六年發生了暴動，我寫信給毛主席，因為他承諾：『有任何問題，直接寫信給我！』我寫了至少兩、三封信，但是都沒有回音。我的信任就愈來愈少了。

「我在一九五六年去了印度，遇到梵學家尼赫魯（Pandit Nehru）。我們的關係也很親近，我跟他多次深入討論。在那個時候，很多西藏人建議我不要回去被中共佔領的西藏，說這是一個大好機會，一個自由的國家，最好留在那裡。我跟尼赫魯討論之後，最後他建議我回去西藏。『你跟中國的中央政府曾經有很好的關係，』他說。『基於你跟他們的特殊協議，你應該回去，在西藏繼續奮鬥。』

「然後就是一九五七年的『百花齊放、百家爭鳴』運動，原本的用意是傾聽一百種不同的觀點，但是這個運動最後卻引來災難。後來，知識份子或任何人，只要是不遵從黨的路線，就會遭到迫害。毛主席以前常說：『共產黨員就是要接受來自黨內和黨外的批評，否則我們就像離了水的魚。』那是他說的話，但是他做的事卻正好相反。」

「他真的變成離了水的魚嗎？」

「問題愈來愈嚴重，毛澤東變得只關心權力，而不關心意識型態。我經常說我是馬克思主義者，崇拜馬克思主義的經濟理論，重視平均分配，而不像資本主義，只想著利潤。有時候我會想：都是列寧對權力的渴望破壞了馬克思主義，當然還有史達林和毛主席。早年，毛澤東是很好的共產主義者，但是後來權力讓他腐化了。這是我的經驗，對或不對，歷史學家可以去研究。」

「您在一九五九年逃到印度？」

「整整九年，我試著維持和平，緩和局勢，但是仍然失敗了。一九五九年，一些不切實際的改革在西藏東部推行，那是中國管轄的地方，還有一些中國的省份，像甘肅、四川、雲南、青海等——那裡發生了暴動，蔓延到西藏，後來失控了，尤其是在一九五九年三月十日以後。我努力了一個星期，但是失敗了，於是我在第七天晚上離開拉薩，最後來到印度。所以，從一九五九年大約四月一直到現在，我又活了另外一個人生。

「我很難過，變成了無家之人。但是我經常跟別人說：誰說無家可歸？我在達蘭薩拉這裡找到新的、幸福的家。印度政府熱情歡迎我們，給我們政治庇護。不只如此：政府還提供土地給整個西藏難民社群，尤其是提供教育給我們的下一代。起初，所有的費用都還是印度政府出的錢。對我個人來說，過去這五十一年的難民生涯，是我一生中最快樂的時光。完全自由，可以去任何地方，甚至去了冰島。我可以自由的說話，沒有人控制我。我喜歡這樣。」

「但是您的終極目標應該還是回家吧？」

「是的，對每個西藏人來說都是。」

「您曾經想過可能會回去嗎？」

「有，非常可能。因為問題出在政治。這個政治不是現實的政治，而是中國共產黨內強硬派腦子裡的狹隘觀點和短視的政治思考。只要他們改變想法，變得比較實際，西藏問題立刻就迎刃而解。不會有問題。在此同時，中國有兩億佛教徒，許多人費盡千辛萬苦到這裡來，有些還是偷偷地來，來教學、講授佛教。」

「您現在講得很輕鬆，但是當您十六歲時，整個西藏的責任都壓在您的肩膀上，那時候您有什麼感覺？」

「當然很焦慮。在那些年，我沒有經驗，也沒有學過世俗的事情，情況又很艱困、很糟糕，所以我累積了很多焦慮。不過我有很好、很值得信賴的顧問。我是那種很容易跟每一個人都相處得很好的人，即使是嚴肅的議題，我也經常問那些在走廊掃地的人，看他們有什麼意見。他們的思想都很開明，也很值得信賴，每個人都有自己的看法。他們也會在外面聽到各種謠言，轉述外面的新聞給我聽，有時候還真的有很大的幫助！」

他看著我，整張臉都笑了起來。

「結果，我開始有了信心，即使面臨艱困情況，也可以下定決心，然後就不再憂慮。即使發生錯誤，也不會後悔，因為我已經充分諮詢過。我們篤信佛教，所以有各種神祕的精神方法去做研究，這個你不會懂啦，哈哈！挺神祕的！不過，根據我的個人經驗，從十六歲到現在快要八十了，這些神祕的研究全都很精準。我對這些方法充滿了信心。」

我對這些神祕的研究很好奇。

「您可以深入的說明一下嗎？關於領悟未來和做對下一件事？」

「這是科學方法。首先，我們運用自己的智慧、理性能力，去徹底分析情況。然後我們去問人，諮詢其他人的意見。如果有一致的看法，那就沒有必要去做神祕的研究。但是如果到最後還是拿不定主意該怎麼做，我就會用這種神祕的方式。」

「像是某種神喻？」

「神喻是不一樣的東西。我比較傾向將神喻視為我的顧問，徵求他們的建議、看法，但不是最後的決定。最後的決定是從更上層、更高的地方，用神祕的方法得到的。」

「您寫過關於轉世的信嗎？」

「前世還是來世？」

「來世？」

「沒有，沒有。最近幾世的達賴喇嘛都沒有寫這樣的信，不過比較早的喇嘛會寫，還會說他們會在哪裡轉世，甚至連父母的名字都寫出來。但是第十三世達賴喇嘛和他的前一任喇嘛都沒有，至少在文獻紀錄中沒有提到。

「在西方，有些人以為達賴喇嘛的制度對藏傳佛教非常重要，其實不是這麼一回事。只要西藏這個國度保有某種自由，藏傳佛教的精神與文化就會存續下去。在過去這六十年間，我們看過系統性的毀滅，包括文化大革命，但是我們的文化並沒有被消滅，就是因為精神還在，一旦精神在人心紮了根，就沒有任何外力可以輕易消除。如今，在西藏和中國境內，又有三、四代的人已經長大，在中國數百年的傳統中長大；我們也看到中國失去了數百年的傳統。達賴喇嘛這個制度在某個時候出現，也許後來就不見了，那也沒有關係。如果大家想要保留這個傳統，就得負起這個責任。那不是我的責任。等我死後，我會從神祕層面看著他們，看他們做得好不好！哈哈！除此之外，就跟我沒有直接關係了！」

「當您面對死亡時，您是害怕或是好奇……？」

「有時候會好奇，但是不會害怕。只是如果我在這樣的情況下死了，我想數百萬的西藏人和許多我的朋友會很難過，所以我有時候才會覺得……」

他想了一會兒。

「否則，以個人來說，你終究還是會離開。沒有人能夠逃離死亡，那是現實。死亡本來就是我們生命的一部份，所以，這不成問題。重要的是，當你活著的時候，你的人生必須有意義、明情理，做些對其他人用有的事。這樣到了最後，你就不會後悔。」

「數百萬的西藏人都在等著您回去，在您追尋的這些神祕的問題當中，有沒有什麼或是任何信心，告訴您一定可以回到西藏？」

「有，而且不只是我的神祕研究。許多其他人的神祕研究也都說，未來的一切終將是一片光明。只是時間的問題。有些預言是幾百年前就說的，但是都很清楚的指出目前的逆境是暫時的。在歷史上，六十年不算很長，對吧？總之，我認為這個見識狹隘的威權共產主義制度是沒有前途的，這一點很清楚。」

「要連續幾十年都見識狹隘很難，也許再過六十年……」

「已經過了六十年。你看看蘇聯，只維持了七十年。所有的前東歐國家都完全改變了。以前在義大利、西班牙和法國也出現過專制政體。中國正在改變，因為教育，因為網際網路，所有這些事情。沒有哪一個政府可以完全控制一切。」

「您好像充滿希望。」

「現在的現實情況跟一九六〇年代、七〇年代、八〇年代完全不同。在中國國內，仍然有很多窮人，但是中國已經有很大的改變，所以很多年輕的中國人有新的時尚，抄襲美國的生活型態。哈哈哈！什麼都在變。佛教有個很重要的觀念：萬事萬物都不會停滯，永遠在動，永遠在變。我先前也說過，萬事萬物都是彼此相互關聯，相互依存。以中國來說，在五〇、六〇年代，甚至在七〇年代，領導人都喜歡封閉獨立，但是現在完全不同。以前，不管政府說什麼，大家都深信不疑；但是從鄧小平時代以來，送了大批學生出國唸書，還有許多外面的公司進入中國。現在很多中國人用雙眼看、用雙耳聽，以前他們都只有一隻眼睛、一隻耳朵。到頭來，真理永遠都比武力更強大。這是我的邏輯。基本人性也會比人為制度更強大，制度不會永遠不變。」

「所以，整體而言，您認為這個世界有變好？」

「一九九六年，我拜會了英國太后。我從小就從照片上認識她，但是我見到她時，她已經九十六歲了。因為她看過了一整個世紀，所以我問她，人類或者說這個世界是變好、變壞，還是維持不變？她毫不遲疑地跟我說，是變好。她還舉了一個例子，她說，在她年輕時，人權和自決權的觀念並不普及，可是現在這些都是普世價值。她說，這些都是世界變好的指標。雖然她沒有明說，不過我想，在她年輕時，英國是個殖民帝國，這是事實；後來，這些殖民地都像這樣紛紛獨立了。民主變得更堅實強大。」

「到了二一〇〇年，我的孩子可能還活著。您曾經想像過未來嗎？」

他身子向後傾，說：

「我總是跟人家說，我相信不可能看到幾千年以後的事，不可能預測。但是在未來幾百年，當然人類還會在這個星球上，至少，這個世紀，二十一世紀，還會是和平的世紀。不過，和平並不表示問題結束了。問題仍然存在。所謂和平，是改變我們看待問題的態度、處理問題的方式。過去，只要我們遇到問題，第一個反應就是用武力解決。那已經過時了。二十世紀的人就是這樣。根據歷史學家的估算，有兩千萬人在上個世紀的戰爭中喪命。戰爭不是遊戲，而是有特定的目的。一方的勝利就是摧毀另外一方，它的對手。當戰爭發生，就會出現暴力。

「所以使用最大的暴力，包括核子彈，並不能解決問題或是達成我們的目標。我反而想到柏林圍牆消失和歐洲的威權體制改變，都不是因為核子武器，而是普遍的和平運動，透過對壓迫的認知與經驗。因此我相當確信，二十一世紀會是和平的世紀。經由對話帶來的和平。在二十世紀的後半段，雖然意識型態分裂了這個世界，形成兩大軍事集團，但是儘管有不同的想法與軍隊，人類還是找到一個可以共存的新世界。在二十世紀結束前，歐洲的獨裁專制崩潰；不過當然在亞洲仍然存在。」

「您怎麼看二十一世紀？」

「我相信這可以是更幸福的世紀。暴力是錯誤的方法，已經過時了；你永遠無法用暴力達成你真正的目標。比方說，推翻伊拉克的暴君，動機可能很高尚，但是方法用錯了，所以就會產生意想不到的後果。

「我們必須教育下一代，告訴他們：要解決問題，唯一適當且實際的方法，就是透過對話。願意傾聽對方的意見，然後共同找出解決之道。在伊拉克危機爆發之前，上百萬人走上街頭，表達反對意見；這是正面的徵兆。所以我對二十一世紀樂觀以待。」

「您認為會跟二十世紀不一樣嗎？」

「在二十世紀，實現了很多發展，不過主要都在物質領域。我認為我們缺乏內在發展，因為我們不知道自己情緒與心智的重要性。傾聽我們的感覺與思想，這一點非常重要。在這個世紀，我看到愈來愈多備受尊重的科學家發現情緒在我們生命中的重要性，許多從事教育工作的人覺得光是大腦發展還不夠。我在旅途中，遇到愈來愈多的教育家和老師跟我說：我們缺乏心的教育，我們需要教育大家有一顆溫暖的心。他們在問：要如何將這個新的教育體系引入現有的現代教育？

「道德教育不能以宗教信仰為基礎。教育倫理與側隱之心，必須建立在世俗的基礎之上，否則在多元宗教、多元文化的社群裡，就會產生問題，例如印度。所以印度的憲法本身是基於世俗主義，而不是社會現實。世俗主義不表示不尊重宗教，而是尊重所有的宗教，不偏好任何一個。我們也要尊重沒有宗教信仰的人。我想我們可以教育民眾，將教育和暖心串連起來。我想在這個世紀、在未來，可以看到希望。」

「要教二加二等於四很簡單，但是講到教育暖心，有些老師就會有問題。側隱之心要怎麼教呢？」

「這當然很主觀，依個人經驗不同而定，無法用任何工具來衡量。但是針對大腦活動所做的最新科學研究顯示：冷靜的心與正面思考會對身體造成可以衡量的影響，而壓力、仇恨與憤怒則會降低免疫力。這是客觀的事實。如果我們以社會上的常理來判斷，一個有側隱之心的家庭顯然會比較快樂；如果家裡的父親或母親是屬於憤怒型的人，那麼全家都會受苦。這一點非常清楚，甚至在動物身上也是一樣：總是對著別人吠的狗，會遭到孤立。

「你可以用權勢和金錢交到朋友，但是這些都是假的朋友。我們人類是社會動物，而友誼就是社會動物的關鍵。友誼建立在信任之上，金錢買不到信任，反而造成更多的猜忌與剝削的慾望。人會為了錢欺騙其他人。真正的信任來自惻隱心與尊重。要建立信任，你需要團結、坦誠、真實與正直。這些都來自一顆溫暖的心。用這樣的邏輯，你就可以教其他人。有一顆溫暖的心，對你自己的利益來說也很重要。前幾天，我在 BBC 聽到節目中討論槍枝的力量、經濟的力量、真實的力量。大家都喜歡力量！有些人相信，槍桿子就是力量。就像毛主席也說過：就短期而言，拿著槍就會有力量。」

他用手指對著我。

「所以，每個人都要聽！但是就長期來說，會有反效果。如果你依賴槍桿子的力量，就破壞了信任，也破壞了友誼。如果你依賴武力，你的餘生都是負面的。歸根究底，還是消滅武器比較好。金錢的力量可能會維持得稍久一點，但是也不能帶來真正的友誼。惻隱心的力量、真實的力量，這些才是幸福的根本。你只需要用常理判斷，就可以知道惻隱心的力量是多麼有價值。

「等到你的孫子長大，我想他們會覺得這個世界更和平；我想我們對於生態重要性的認知也會增加。這些都是重要的徵兆。所以我才會認為二十一世紀會比較快樂。」

「但是這樣的惻隱之心是從哪裡來的呢？」

「從我們自己的經驗。我們都是母親生的。雖然根據你的假設，我們其實都是母牛生的！」

他指指我，又笑了起來。

「好啦，就算是母牛好了，也是一頭有惻隱之心的母牛！我們最原始的根源——也就是母親——就是惻隱心的象徵。我們都因為母親的惻隱心，還有她無盡的愛，才能存活下來。研究顯示，人若是在早年養育成長的過程中曾經感受到惻隱之心和愛，就會比較快樂；反之，若是早年缺乏溫柔的家庭環境，在冷淡中長大，甚至還有更慘的，從小遭到虐待，那麼長大之後就會出問題，甚至可能一輩子都缺乏安全感。」

「在僧侶的社會中，母親可能都在很遠的地方，要如何得到母愛的呢？」

「你要到七歲之後才會正式成為僧侶，那時候已經跟母親一起生活了七年，所以不會有問題。至於我自己，我想我是五歲還是六歲的時候跟母親分開，不過她都住得很近。我母親每天都帶著特製的鄉村麵包來看我。哦，我母親可是做那種麵包的專家呢！所以我們還是很親近的。即使在我三十歲，逃到印度之後，也還是始終感受到母親的關懷。

「我說的世俗道德，有三個標準：社會常理、共同經驗、最新的研究。

「在所有的宗教中，對於惻隱之心，都有共同的思路；雖然各有不同的重點或態度，但是重要的都是愛、寬恕與自制。惻隱之心就是這樣進入我們的血液之中；現在，我們必須照顧這顆惻隱之心，不只是培育物質或知識，也要滋養這顆心。當溫暖的心與智慧同時出現，社會就會變得更強大、更幸運、更多情，問題也會減少；即使有問題出現，我們也可以集體解決，而不是靠仇恨和猜忌，也不是靠區分彼此或相互威脅，那樣只會造成更多的人格問題。那是非常悲哀的事。」

「我們是不是應該將這種惻隱之心引申到大自然？佛教說不可殺生，但是在我們這個彼此相關聯的世界，突然間，不知道什麼時候自己是不是在傷害什麼生物。」

「我們無法對沒有感覺的生命產生惻隱之心——像是草木、植物——因為他們還沒有發展出惻隱心的情懷。但是可以尊重他們，那也是密切相關的。每一種生物都有生存或存活的權利。這些植物也是自然的一部份，少了他們，我們也無法倖存。另外，從佛教的觀點來說，像鳥獸那些有生命、有感覺的生物，我們就必須將愛和惻隱心延伸到牠們身上。」

「現在的世界是完全連在一起的。最近，冰島發生火山爆發，就對南非的花卉栽培造成嚴重的影響。您是否也受到影響了呢？」

「沒有，還好我最近沒有遠行。但是如果我正好去訪問許多國家，那就一定會遭殃！或許我會向冰島發牢騷！哈哈！冰島壞壞！」

「對我們來說，在這段時間，幾乎像是擁有某種力量。全世界都因為我們停了下來。」

「但是那卻是你們無法控制的力量，真是可惜！」

「沒錯，但是那幾個星期，我們幾乎像是超級強國！」

「這也讓我們想到，不管科技如何精密，最終都得向自然屈服。這是很重要的提醒。全球暖化可能會超過我們能夠控制的範圍，我們必須很小心。七十億人的未來全都仰賴自然，我們必須了解並且接受，這一點很重要。有時候，精密而高度發展的科技給我們一種錯誤的自信，以為我們有能力控制自然。我們可以控制到某種程度，但是超過這個程度，我們就得跟自然和諧共存。」

「那西藏獨立怎麼辦呢？」

「西藏問題基本上是人為的問題，基本上是我們東邊的鄰居製造出來的問題，所以我們必須跟他們共同解決。就跟人類的其他問題一樣，誠如我所說的，我們必須透過對話找出解決的方法與手段。對西藏來說如此，對巴勒斯坦來說也是一樣。採取強硬的立場，拼個你輸我贏，是無法解決這樣的問題的。這種方法永遠都不能達成持久的解決方案。

「在藏傳佛教的文化中，西藏的思考方式是比較平和的。從長遠來看，這對在中國內地創造更平和的社會是很有幫助。考量到各種事實，我們相信中庸之道，不尋求獨立，而是人民共和國的一部份，但是保有某種憲法權利，並且明文保護少數民族的權利。如果中國共產黨想追求一個團結和諧的社會，那麼他們有許多政策其實是不切實際的，也用了錯誤的方法，想要靠武力達成團結，那怎麼可能？不可能嘛！或許你可以靠一根鞭子，將數百頭牛聚在一起，但是我們是人類。真正的和諧團結來自內心！所幸，在中國的領導階層，現在有比較開明的思想，尤其是一些中國的作家、知識份子、教授，也覺得他們現行的政策錯了。這些聲音慢慢浮現，這也是一個希望的徵兆。

「撇開歷史不說，我們的立場是：過去就讓它過去。不管過去的歷史如何，我們要向前看。就像歐盟：他們成立歐盟，不是基於過去的歷史，而是根據新的現實，著眼於長遠的未來發展而思考。同樣的，我們也不是思考過去的歷史，就只是看著未來。」

「您是否認為很快就可以回到自己的故鄉？」

「是的，我們相信可以。尤其在過去這六十年，我們看到中國共產黨的改變。我經常說中國有四個時代：毛澤東時代、鄧小平時代、江澤民時代、胡錦濤時代。這四個時代有很大的差異，顯示同一個中國共產黨，同樣的一黨專政，有能力根據新的現實採取不同的行動。所以我是充滿希望的。

「你還有什麼想要問的嗎？」

「在廣場上，有兩位僧侶在辯論，他們討論的句子是：如果地球上的每一樣東西都無法滿足我的慾望，那還有什麼可以滿足我呢？」

「有一件事很重要，我總是跟大家說：物慾永遠貪得無饜，永遠得不到滿足，只會想要更多、更多、更多。心靈發展、心靈健康、滋養自我，這樣你才能有無限的發展。」

「謝謝您接受訪談。」

「謝謝。我們再見。也許在冰島。我真的很想再去一次。」

23 母親的乳汁

努比恩・希瑪冰川（Nhubine Himal）位在西藏邊界，尼泊爾的木斯塘省（Mustang），海拔將近六千三百公尺。冰川腳下有一條乳白色的河流，叫做甘達基河（Kali Gandaki）；這條河比喜馬拉雅山還要古老，約莫是在五千萬年前，當印度地殼板塊緩慢而持續地朝亞洲板塊移動時所形成的。儘管山脈高聳入雲，但是這條河卻深埋在山裡，流經世界上最深的峽谷；河床高度在海拔兩千五百公尺，但是兩側峻嶺的最高峰都超過海拔八千公尺。在流經喜馬拉雅山區的漫長旅程中，這條河流吸納了許多溪澗、支流與其他河川，而他們的源頭都來自一千多座冰川。

我來到距離這條河的源頭約六百公里的地方，在這裡，它已經變成平坦、寧靜、成熟的河流，又被稱為甘達克河（Gandak）或是納拉亞尼河（Narayani），流經沙地與碎石，穿越尼泊爾的奇特旺國家公園（Chitwan National Park）。這條河在這裡叫做納拉亞尼，再往下流，就會跟另外一條河滙流，屆時河水就變成了神聖的恆河（Ganges），也就是印度的母親本尊。我在這裡第一次親炙聖水，從天國山上歐德姆布拉冰凍的乳頭分泌出來的泉水。我想過要攀登岡仁波齊峰，親自到山上走走，但是或許最好還是尊重它的神聖吧。什麼都想親眼目睹、什麼都想親自嚐試看看，還真是個壞習慣。有些東西還是不要去打擾他們比較好。

我跨過河川，走到奇特旺國家公園，看到一隻恆河鱷在河邊沙地上曬太陽。看到這隻古老的龍，我心裡浮現一股奇特的喜悅之情，尤其是看到牠格外狹長的口鼻，那可是為了要在白色的冰川水中捕魚才特別設計的呢。目前，這個物種在野外的數量只剩不到兩百隻；相較於從前，牠們在全球的分佈跟以前相比，已經減少到只剩下百分之二，不像以前在亞洲各主要河川都可以看到上千隻小腹平坦的恆河鱷。我同時也看到沼澤鱷，牠們的外形更傳統，也更危險一點，在巴基斯坦、印度和斯里蘭卡還可以看到牠們成群結隊，但是在緬甸和不丹就已經絕跡了。我在河岸看到奇怪的足印，嚮導說我們必須小心，這是亞洲犀（*Rhinoceros unicornis*）的留下來的足跡——那是一種獨角犀牛。

不久，我們就看到這種猛獸，藏身在蘆葦叢中，一對父母帶著一隻幼仔；這種帶著古老特徵的巨大生物，公的可以重達兩噸，高及兩公尺，絕非你在荒野小徑中會想要遇到的大型動物。牠們的皮膚很粗糙，還有奇特的皺褶，就像我小時候想像中恐龍的樣子，像是劍龍或三角龍。不過犀牛比恐龍要年輕多了，還不到一千萬年。這種動物目前僅存兩千五百隻，生活在尼泊爾和印度的大片土地上，面積相當於兩座瓦特納冰川。有一群大象在河裡沐浴，我們尾隨牠們進入叢林，據說可以看到老虎；我並沒有真的看到老虎，不過卻看到牠們的腳印，跟我的腳印大小差不多，都穿十一號鞋，顯示牠們不是普通的家貓。尼泊爾現存的孟加拉虎還不到兩百隻，我不知道該為這些在曾經是一座花園的地球上碩果僅存的動物感到哀傷，還是要為這些年來在這幾個地區的犀牛與老虎復育有成感到欣喜。雖然攻擊意外並不常見，我們的嚮導強波還是叫我們要小心。說時遲那時快，同行的旅伴手指前方，默默地倒抽了一口氣。我們走的這條步道上鋪滿了四葉草，我伸手一摸四葉草的葉片，三條小水蛭爬上我的手背。老虎足印、獨角犀牛、四葉草、水蛭，再加上一條聖河；如果這是一場夢的話，該如何解析這個夢境，就很有意思了。

納拉亞尼河畔的白沙細的像是灰燼，事實上，那也有一部份是灰：死人的骨灰；我們看到遠方有火光，家屬正在跟他們的親人道別。太陽逐漸西沉，火紅的日頭藏在霧氣中，鳥兒低飛掠過河上的倒影，夜禽也逐漸甦醒。這條河為什麼會變得神聖，道理不言自明。我們在那裡也看到萬物相連。神聖的白色冰川河水從西藏的天國之山流下，成了人類、鱷魚和獨角犀牛的生命泉源。

與達賴喇嘛訪談過後，我們驅車來到阿姆利澤（Amritsar），再從那裡搭火車回到德里。那天晚上，我們去城裡玩；一個朋友的朋友的朋友邀請我們去參加一場宴會。一輛黑色的 Range Rover 來接我們，車子發動之後，聽到後來傳來一個聲音。

「向右轉，然後朝左邊走！」

司機在後車廂指示方向，車主坐在駕駛座，可是他自己從未在德里附近開過車。我們的車子開過燈光昏暗的街道，道路兩旁還有牛躺在地上；我們經過一個貧民區，有好幾家人住在安全島上或是路橋底下；有一群小孩在夜色中衝過街道，彷彿狄更斯的《孤雛淚》有了現代版。車子經過好幾道厚實的大門，車道上停了上百輛豪華房車，然後我們走過柱廊，進入一間全新的房子，看起來像是迪士尼版《天方夜譚》裡的場景。我們走進大廳，右手邊是一個豪華的房間，牆上掛著巨幅畫作，天花板懸掛著水晶吊燈；三個男人坐在桌子旁邊玩撲克牌。「我很會玩牌，」我們的朋友說。她詢問是否可以加入牌局。賭注是十萬美元。

我們離開那個房間，往音樂傳來的方向走去，發現宴會在戶外的花園舉辦；年輕的德里菁英人士在那裡尋歡作樂，ＤＪ播放震耳欲聾的電音，十八名廚師和服務生送上美味的餐點。我們的主人過來致意。他是個蠻酷的傢伙，曾經在倫敦和杜拜住過一陣子，現在住在新德里。他穿著一件T恤，胸前寫著「**願意為了可口可樂上床**」。花園裡有座大泳池，到了某個時候，開始演奏貝斯音樂，每個人都服裝整齊地跳進池子裡。在花園的牆外，是德里最大的貧民區，運水車每個星期來送一次水，為了搶水，人們會拿起裝水的空瓶罐，拳打腳踢起來——具體呈現出聖雄甘地所說的話：「地球足以滿足每一個人的需求，而非每一個人的貪婪。」

只是一道牆，就分隔出兩個世界，世上的不平等莫此為甚。一邊是絕對的貧乏，另外一邊卻是完全過剩。要指出這種情況並且加以譴責是一件簡單的事，但是如果貧窮是隔著一道牆、一座城市、高山峻嶺、國界或汪洋，那還跟我們有關係嗎？不過，至少我知道我是在哪一邊。

當阿尼爺爺在冰島成了貧窮失怙的孤兒時，當時流行的意識型態給貧困的孤兒寡母提供了鎮上最現代化的公寓住房，很可能因此救了他一命。不幸的是，我們現在這個世界還有很多像這樣的孩子流落街頭。

尸羅鱷　　　　瑟布賈納森鱷

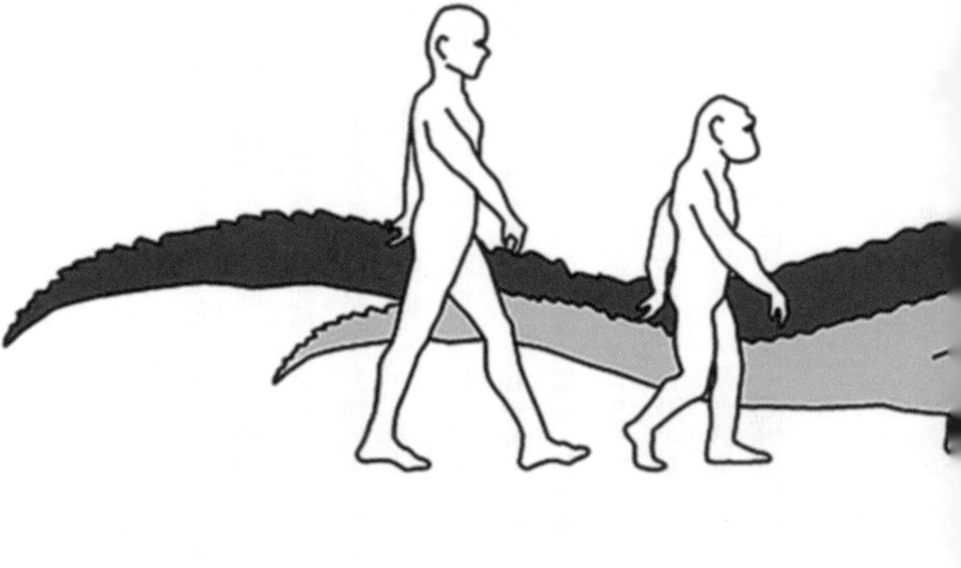

24
瑟布賈納森鱷

二〇一〇年，我舅舅約翰・瑟布賈納森在印度的新德里過世；他的骨灰灑在佛羅里達州的沼澤地帶，與短吻鱷、烏龜、粉紅琵鷺，作伴長眠。我後來想到，如果地球有感覺、有自由意志，也有免疫系統的話，她應該會寬恕像他這樣的人。可惜的是，像他這樣，替野生大自然、沼澤、不討人喜愛的物種說話，為他們爭權利的人實在太少太少了。他只活了五十二歲，留下許多未完成的工作。

約翰雖然走了，但是在三十個國家有一大群科學家繼承他的工作，確保他的熱情與專業可以延續下來，繼續為孕育和研究脆弱的鱷魚種群打拼。我曾經看過科學研究報告和學術文章，裡面提到約翰在烏干達、中國、巴西、委內瑞拉、印度和其他地方的指導；據《經濟學人》雜誌說，他在緬甸的綽號叫做昆巴吉（Kyunpatgyi），在當地語言中是指一種神話中的巨鱷；據傳，這種巨鱷會在緬瑪拉昆野生動物保護區（Meinmalha Kyun Wildlife Sanctuary）裡，繞著一個小島游泳。人類保護鱷魚，也保護了濕地和其他物種的棲地；而濕地也有自然治洪與儲碳的功能。萬物都是相連的：野生動物棲地會影響到我們未來的展望。生物多樣性是車轂，中空的車轂決定了車輪的功用。誠如《道德經》所說的：

故有之以為利，無之以為用。

在肯亞的圖爾卡納湖（Lake Turkana），科學家花了好多年研究湖底的沉積物，因為其中包含了人類初始的資訊，也就是智人的起源。他們在沉積層中找到許多物種的殘骸，他們跟最早的類人生物同時存活在五百萬年前。二〇一二年，來自辛辛那提的科學家在更新世的沉積物中找到一種前所未見的鱷魚頭骨，經過進一步的研究發現：從這個頭骨的形狀和大小判斷，這很可能是現行已知曾經存活過的最大型鱷魚。這種鱷魚成年後可以長到八公尺長，是該地區體型最大的捕獵動物。這種鱷魚可說是真正的龍，人類最早的祖先可能也是牠的獵物。為了紀念約翰・瑟布賈納森，這個新物種被命名為「瑟布賈納森鱷」——你可以說我舅舅轉世重生成為史前巨鱷。我想，這或多或少也算圓了他的鱷魚夢。

我認為約翰也以身作則地告訴我：還是有可能去刺激這個世界。這個世界不只是一個失控又無意義的洪水，始終都在溢流；我們還是有可能影響這個世界，導引它回到正確的方向。我們的目的是做一個有用的人，創造改變，增加知識，並且在世界走上歧途時，指點出正確的方向。約翰在烏干達的合作夥伴會持續研究侏儒羅鱷，讓人永遠記得他。卡洛・波格齊（Carol Bogezi）就是繼承他遺志與影響力的其中一人，是一名年輕女性，在烏干達是提倡動物福利與女權的先驅。她不只對抗對鱷魚的偏見，也對抗對女性的偏見；在她的研究工作中，必須領導一個由二十名男性組成的團隊，他們都不習慣接受一位年輕女性發號司令。波格齊工作也需要調解野生動物與人類之間的衝突，而根據她最新的一篇論文，她正開始拓展她的知識領域，研究在美國華盛頓州的農民如何接納並且與狼和平共處。在一次訪談中，她被問到是在什麼時候發現自己照顧野生動物的使命，她回溯到小時候曾經做過的一個夢。

從小就將鱷魚烙印在腦海中的約翰是一個最好的例子，證明人在多小的時候就可以找到人生的道路。他小時候看到一部紀錄片，講瀕臨絕種危機的鱷魚，十年後就開始從事保護牠們的工作，二十年後又在拯救整個鱷魚物種的工作中扮演重要的角色。我可以保證：他的生命非常貼近達賴喇嘛所說的，生命要有目的的定義。

25

二〇五〇年

人類現在開始展開報復。火——水的敵人——讓他們能夠冒著狂風逆流，在碎浪與礁石之間，破浪前行；誰知道他們什麼時候會從衝出海面，航上雲霄？

——《菲約尼爾》雜誌（*Fjölnir*），第一期（1835）

如果在一百年前，有人展望未來，並且接下替未來一百年預作安排的任務，那似乎是完全不可能的事。在地球上替七十億人找到棲息之地，成立聯合國，提供所有的人溫飽，還要給他們教育和居所，用電話和電腦串連整個世界；替所有的人找到能源、交通工具和就業機會；設立數以千計的管弦樂團，治癒以前無藥可醫的疾病。雖然跟每一個人都均富、平等的目標還有很長的距離，但是已經在意想不到的短時間內，讓整個大陸的人脫離困窘的貧窮。

在二十世紀肇始之初，人類還不甚理解航空學的原則。一九〇三年，萊特兄弟駕駛飛機航行了三十公尺，那已經是單引擎飛機滑行的最長距離了；兩年後，他們的技術更加純熟，飛了三十幾公里。這樣的成就震驚全球，大家起而效尤，所以在一九一七年之前，紅男爵[34]就已經駕駛雙翼或三翼飛機在全歐洲展開空中戰鬥。一九二七年，查爾斯．林白從紐約飛到巴黎，成為第一個飛越大西洋的人。現在，全世界大約有一萬架飛機同時在空中飛行，機上乘客約有一百萬人。在我祖母出生的那一年，還沒有人開飛機橫越大西洋；四十年後，人類就登陸月球了。

核能的發展更快。一九三二年，英國物理學家詹姆斯．查德威克（James Chadwick）發現中子在理論上存在的可能，兩年後，恩里科．費米（Enrico Fermi）就用中子裂解了原子；五年後，科學家推測核子反應器可以引發連鎖反應，於是在一九四二年，選擇在芝加哥體育場的觀眾席座椅底下做實驗。那個時候，原子彈都還只是一種理論而已。他們隨即展開曼哈頓計劃，派遣一萬人到新墨西哥州，在羅伯特．歐本海默的指導下製作原子彈，並且在一九四五年七月末完成，又很不幸地，在三個星期後使用。那都不是很久以前的事。我認識替歐本海默動手術的醫生，也跟一位經歷過廣島原爆的日本老人談過話。從中子存在的學術假說到完成原子彈的製作，前後不過十三年。這個可怕的事實證明了：如果人類覺得已經到了生死關頭，

34 譯註：原名 Manfred Albrecht Freiherr von Richthofen（1892-1918），德國空軍飛行員，外號「紅男爵」（Red Baron），據說是第一次世界大戰中擊落最多敵軍的飛行員。

他們可以有什麼樣的成就。

過去這三十年可以說是電腦、電話、網際網路和大眾娛樂的時代。在一九九〇年，如果我想要買現在屬於手機部分功能的工具——定位追蹤器、電腦、數據機、計算機、影片放映機、音樂播放器、導航系統、電影攝影機、圖書館、會議設備、通訊錄、電話、傳真機、遊戲控制器等等——我可能要花一大筆錢，而且所有設備加起來的重量會超過一噸。電腦處理器的速度每兩年就增加一倍，而這樣的速度也改變了我們的大腦。這些快速的進展固然很偉大，卻也讓我們更迷惑。我們全都坐等矽谷的某位天才來解決大問題，最好是給我們一個可以在手機上使用方便的應用軟體；魔術師用各種炫目的小玩意兒和更平板的畫面來催眠我們；資訊流通和取得娛樂產品的便捷，讓整個世界變得更緊密相連，但是這些裝置的設計似乎都是讓我們上癮，而且陷監控與消費主義的惡性循環。如果自然可以用小孩子在戶外遊戲的時間長短來衡量的話，我們跟自然的距離從未像現在這麼遠。

隨著虛擬實境的增加，現實卻愈來愈萎縮。西方強權雖然減少了排放量，但是在大多數的情況，都只是將生產和污染轉移到其他地方而已。消費呈幾何級數增加，產生巨量垃圾，造成雨林毀滅，食物和時尚的浪費。人類擁有比以前更多的車輛，購買更多的東西但是使用的時間卻更短，丟棄更多的食物和衣服，使用更多的塑膠製品，並且為了微不足道的理由，搭乘更多的飛機。如果考量到空氣與地球本身的話，過去這三十年間最大的進展就是退步。

世界上的孩子開始為了氣候問題罷課。那個叫做葛蕾塔（Greta）的小女孩橫空出世，就像某個古老的神話故事，命中注定要來告訴我們真相。她跟斯文特·艾瑞尼斯（Svante Arrhenius）有親戚關係，而後者則是在十九世紀末，第一位計算出大氣中的二氧化碳增加會導致全球暖化的瑞典科學家。那個時候，他認為暖化是有利的，而且二氧化碳總量在一百年間也只會增加百分之五十；可是他低估了我們會多麼努力的焚燒煤和石油，所以用了不到一百年。不過他的主要結論還是正確的。二〇一九年夏天，世界各地都出現史上最高溫，西伯利亞和澳大利亞有森林大火肆虐，非洲、印度和其他地方的人也都遭到旱災威脅。過去，人類擔心世界上的油井會枯竭，但是現在的研究顯示，如果我們將所有的石油全都燒光，地球也會跟著燃燒。我們製造愈多的二氧化碳，就愈可能接近臨界點，也就是失控過程啟動的那一刻，屆時人類將束手無策。

今天的孩子要求將人類面臨的挑戰納入教育的考量，要求世界各國對科學界的迫切警告有所反應。美國作家尼爾・波茲曼（Neil Postman）在他《教育的終點》（*The End of Education*）書中，討論到教育體系的危機。他說，教育體系始終都為了一個更高的目的服務，他稱之為「神」。最早，教育是服務修道院裡的神；後來，國王拿起了指揮棒，教育改為服務君主；接著，共和國和民族國家又變成了新的神。在資本主義盛行的最近這幾年，教育體系著重在個人，為企業培養人力資源，成了自由市場上大企業之間國際競爭的一部份。利潤與成長是一切的重心，再也沒有什麼更高的目的了。為什麼學習？為了找待遇更高的工作，為了創造更多的經濟成長，為了以更快的速度在火上添更多的油，為了全速衝下懸崖！

如今，新的典範來到了舞台的中心：地球及大氣的未來。現在的教育體系必須讓一整個世代準備好迎著新的工作生涯，而且是以人類和生命根本平衡共存為基礎。我們為什麼要學習倫理？因為未來幾年會充滿道德上的挑戰。為什麼要學習代數？因為我們需要吸收數千噸的二氧化碳，而現在還沒有人知道該怎麼做。為什麼要學習詩和古老的歌？因為詩歌是人類靈魂的銀線，少了詩歌，就無法想像人類要怎麼生存。

這似乎需要將二十世紀留給我們的遺產全都打掉，重新設計。我們必須重新思考我們的食物、潮流、時尚、科技、交通和整個製造與消費循；同時，地球還要填飽九十億人的肚子，而人類則必須保存現有還未受到破壞的自然。人類必須重新想像未來，而且要跟我們發展飛行、核能和電腦科技的速度一樣快，甚至還要更快才行。

為了對抗地球的氣候變遷，必須在二〇五〇年停止所有的二氧化碳排放。在未來三十年內，消費習慣必須改變，能源生產與交通必須有徹底的革命。科學家認為，大氣中的二氧化碳含量不應該超過 350 ppm，但是現在已經到了 415 ppm，而且每年還增加 2-3 ppm。所以，即使停止排放，大氣中仍有一到兩兆噸現存的二氧化碳需要重新吸收；這個數字相當於所有人類活動在三十年間所製造的二氧化碳，這樣說，應該就比較有概念了。

地球居民面臨了以前只有在科幻小說中才會遭遇的危機：一個幾乎是改造星球的計劃，用以捕捉並控制大氣中的部份氣體。達成這個目標的時間，大約是現在即將小學畢業的學生到他們快要五十歲的這段期間，也就是我們這一代接近退休的時間。這個任務就是拯救地球，我們責無旁貸。

因為氣候的混亂，有一整個世代的人都無法去想他們想做什麼，只能思考他們需要做什麼。事實上，這個情況也不全然是負面的：有一整個世代的人會覺得他們發揮了作用，人生有了更高的目的。至於那些想要「找尋自我」的人，可能要再等一等，要將他們尋找靈魂的工作延後三十年，先拯救地球再說。

這個解決方案有一大部份還在想像中。這個碳中和的新世界，不太可能是我們過去那個碳噴發世界的鏡像反映。如果大都會的交通壅塞只是變成大排長龍的電動車，問題還是不會解決，因為電動車仍需要大量的鋼、鋁和鋰電池。在冰島，每年有一百萬噸的二氧化碳排放來自交通運輸。這樣的改變能有多快呢？如果每個人在每十天之內有一天不開車，我們明天立刻就可以減少百分之十的排放；如果一個星期有一天不開車，就減少百分之十五。我們可以想像三十年後的城市不再使用我們現在熟悉的交通系統嗎？公共運輸與輕型交通工具——輕型機車、電動腳踏車、超輕型汽車——可以取代現在絕大部份的車隊嗎？我們不必像寄居蟹那樣每天早上爬進自己的殼，靠電力與公共運輸，就可以將交通排放的二氧化碳降為零。然而，光是個人有所覺悟還不夠；雷克雅未克的地熱暖氣系統遲遲未能成形，就是因為私人建造他們自己的地熱井。唯有結合政府倡議、有遠見的政治人物出力，再加上國際合作，才有可能達成最大也最重要的解決方案。

全世界的科學家都在尋找解決之道，其中有許多令人意想不到的方法。有個隸屬「減量計劃」（Project Drawdown）的專家組整理了一百個關鍵的氣候問題解決方案，並以十億噸的減排量為單位，按高低排序；聯合國的可持續發展目標（Sustainable Development Goals）也同樣提供了世界該往哪裡去的指引。大部份的研究都指向同一個方向，而解決方案則可以大致區分為四大類：

1. 減少食物浪費，改變飲食習慣。
2. 發展太陽能和風能，以及電動交通工具。
3. 致力森林保育、造林，濕地和雨林的復育。
4. 女性賦權。

這些解決方案之所以帶來希望，是因為他們代表了一種讓世界更美好的共同願景。氣候變遷已經影響到全球的糧食收穫；地球目前生產力並不能保障未來。很多國家的農業無法永續，也因為採用有害的栽培方式，導致土壤惡化了好一段時間。我們生產的糧食當中，有百分之三十都浪費掉了，而且世界上的糧食生產絕大部份都拿去飼養牲口。研究顯示，如果美國拿去飼養動物的作物全都用在人類的消費上，生產的食物足以餵飽八億人；只要使用現有的耕地，就可以多讓四十億人維持生計，毋需侵犯僅存的雨林或是尚未受到破壞的空間。

以碳足跡來說，一餐牛肉相當於二十餐的義大利麵。或許印度教賦予牛隻神聖地位是正確的做法；如果全世界都將牛視為神聖的動物，我們的問題就不會那麼嚴重了。

在很多情況下，我們並不需要新科技來解決老問題。解決的關鍵就在於保護自然。前幾個世紀的工業化讓雨林和濕地淪為無用之地或者只是原物料；成立自然保護區也只是為了讓人品味一個曾經存在的世界。雨林與荒野在碳捕捉和保護大氣的工作中，扮演關鍵的角色；他們的存在成了地球所有居民生存的要素。

濕地至關重要，因為它們能夠捕捉和儲存碳。在冰島，大片濕地遭到大規模的人為抽乾，乾涸的水道總長度有三萬三千公里，相當於環繞地球一周。冰島這些抽乾的濕地所造成的排放，超過所有重工業、汽車和航空工業加起來的總排放量，約為每年八百萬噸；相形之下，汽車只排放一百萬噸的二氧化碳。一旦濕地的水份被抽乾，就會開始腐敗，將土壤中累積了數千年的碳氫化合物氧化。被一個世代認定無用的東西，其實有其大用；所謂「改善」農地，反而成了一種破壞的力量。一九七〇年，赫內多爾・拉克斯內斯在他的〈土地大戰〉（The War Against the Land）這篇文章中寫到冰島過度抽乾沼澤地，而他的結論是：「我們難道不應該找個理由再付錢請人將水填補回去嗎？」

在冰島那些抽乾的水道中，有百分之七十都沒有用來培育牧草。研究人員發現：赫內多爾所說的將水回填水道、復育濕地的提議，可能會是冰島對防止氣候變遷所做的最大貢獻。

近年來，在太陽能與風能發電上，有長足的進展。新的風電場和光電場也已經成為舊燃煤發電廠的競爭對手，尤其是電池科技的快速發展，更有效地抵消電力供應的起伏波動。如果要靠太陽能來滿足美國的電力需求，會需要一萬平方公里的空間，跟瓦特納冰川面積相去不遠。全美國的屋頂空間可以提供大約五千平方公里，而停車場則涵蓋了六千平方公里。

在這場競賽中，每一個人都是贏家，也都是輸家。澳大利亞、阿拉伯與亞歷桑納愈快採用太陽能發電，就愈有可能廣泛利用這項科技，讓出身貧困的人也能用得到電。在非洲最偏遠的地區，已經有人使用智慧型手機，直接跳過通訊科技在一百年內的進展；同樣的事情也必須發生在能源創新上，跳過燃煤和石油，直接採用太陽能、風力與地熱發電。如果富裕國家能夠大規模地推動並且親身使用這種科技，這會是一個實際的發展方向。

或許有人認為女性賦權不是環境議題，但是研究顯示，女性受教育可以確保家庭福祉，而且因應人口成長最好的方法，就是讓女性可以自己決定什麼時候或是要不要生孩子。因此，平權是解決未來環境問題的一個最重要的方法。光是知道如何解決還不夠，如果我們希望在二〇五〇年停止排放，那幾乎是要立竿見影地看到可以衡量的改變。

二十世紀做了很多基礎建設，我們都視為理所當然，也就不再注意：輸電線路、供水系統、下水道、暖氣、電話線路、道路系統等等。一九二一年，也就是伯恩爺爺出生的那一年，艾里達河上的水力發電廠才開始動工，供應雷克雅未克的電力所需；我們使用電力的時間才那麼短。不過在他有生之年，冰島的可用電力就已經從一百萬瓦增加到二十七億萬瓦。在二十世紀初，來到冰島的人都有嶄新而陌生的工作職稱：工程師、機械技師、無線電操作員、電話總機；這些人是他們那個年代新科技的先驅。在今天的工商電話目錄中，只有三個人自稱他們的職業是「碳破壞專家」——這個工作以後或許會有一個比較正式的名稱，如「碳捕捉工程師」之類的。這個產業必須做大做強才行，二十一世紀最偉大的進步必須是二氧化碳的捕捉與排除，或許是開發直接從大氣中萃取二氧化碳的方法，將它變成有用的東西。

在赫勒希迪（Hellisheidi），史上第一批碳捕捉工程師已經邁開第一步，就像當年航空界的萊特兄弟一樣。赫勒希迪地熱發電廠每年產生約兩萬噸的二氧化碳；二〇一二年，他們展開實驗調查二氧化碳能不能被床岩吸收，這個做法是將二氧化碳跟水混合，變成像是汽泡水之類的東西，然後再打入土壤中，讓二氧化碳跟玄武岩接觸產生反應，形成冰島晶石——$CaCO_3$，一種結晶的碳酸鈣，也就是珊瑚用來增長外殼的相同物質。起初，科學家不知道是不是要花好幾年，甚至上千年，才會產生這樣的反應，結果發現岩石在短短幾個月內就產生變化，核心測試也顯示空氣會變身為發亮的石頭。二〇一四年，兩千四百噸的二氧化碳打進地球裡；到了二〇一七年，這個數字成長到一萬噸。這個方法可以用在任何有玄武岩層的地方，包括海床。類似的方法也可以用來製造建築材料，像是可以捕捉二氧化碳而不是增加排放的混凝土。一旦這樣的情況發生，人類就跟珊瑚和寄居蟹一樣，學會了利用相同的材料來搭建棲身之所。

在赫勒希迪現場還有一個小屋，裡面正在研發直接從大氣中萃取二氧化碳的方法。這個方法很昂貴，每一噸要三百美元；不過隨著規模擴大，成本已經逐年下降。二〇一七年，他們直接從大氣中捕捉並移除了五十噸的二氧化碳，抵銷了一趟三個鐘頭的飛行或是三個冰島人在一整年的碳排放。當前的目標是捕捉十萬噸，但是如果要對抗全球暖化，這個產業再加上造林，必須萃取比這個數量高出幾千倍的二氧化碳才行。目前，我們還無從評估哪一種解決方案會佔有壓倒性的優勢，哪一種會最成功。三十年後，希望這個段落會變得多餘，就像十九世紀的作者必須解釋「馬桶水箱」和「下水道」是什麼一樣。

我見到珊德拉・斯奈伯恩斯蒂爾（Sandra Snæbjörnsdóttir），世界上第一批碳捕捉工程師；我們的談話很快就轉向未來，她相信在一百年內，專家會在國際會議上討論我們該如何決定大氣中二氧化碳的基線——應該是 350 ppm 或是 250 ppm。

解決方案都很多種，有些真是美極了。我在冰島跟一位在自己田裡復育濕地的人談過話，他談到自然多快就恢復生機：「我在水道裡注滿了水，做了一個池子。隔年夏天，紅喉潛鳥就出現了，我還看過五十種鳥類，都是以前只有水道和沒有開發的田地時才會出現的。」許多解決方案同時改善了人類與動物的福祉，因為它們帶來更好的交通運輸，改善生活環境，創造更好的生態；它們會帶來行動、覺醒和社區意識。這些解決方案有一部份就是奶奶始終跟我們說的事：把盤子裡的食物吃光光，舊衣服留給弟妹穿，襪子破了可以補，要節儉度日；還有一大部份則是需要我們犧牲，為別人做一點事卻不要求回報。秉持冰島搜救隊和冰川研究學會的精神，成立團體、共同體和組織。我們可以從過去學習教訓，找回過度消費流行之前的那個幸福生活的時間點，在其中找到平衡與滿足。對阿尼爺爺來說，那可能就是在夢幻谷上方那個天堂山上的小屋。

我相信歐德姆布拉在我面前現身，讓我寫了這本書，保障我的孩子們的生命與未來。我想，二氧化碳可能是個考驗，人類一定要通過的試煉，全球暖化是給全人類的警訊：他們破壞了地球上的野生生物，剷平雨林，侵犯上帝之廣袤無垠中的萬物俱寂，所以本身也會迷失。既然人類面臨了共同的挑戰，世界各國不得不以前所未見的方式攜手合作。沒有人保證一定會成功，萬事萬物總有一天都會終結，人類也是一樣。就算我們成功了，世界仍然很不完美，不過卻會變得更美麗，遠超過筆墨可以形容。

26 未來對話

二一〇二年十月四日

我們坐在海拉德貝爾區家裡的廚房。艾里達河緩緩流經遍布秋色的森林，縷縷蒸氣從塞拉斯山腳下的游泳池冒出來，一隻烏鴉棲坐幼稚園前面的燈柱上。我的女兒胡爾達．菲莉琵亞買下這棟房子，重新整修；她才剛過九十歲。她的孫女，一對十二歲的雙胞胎，跟她一起坐在廚房裡，一邊吃著煎餅，一邊看著播放照片的相框。舉止端莊有禮的孩子坐在塞拉斯三號的餐廳裡，一名年輕婦人走進來，手裡捧著插了蠟燭的蛋糕。

「我認識她，」胡爾達．菲莉琵亞說。「我就是以她的名字命名的。她在一九二四年出生，現在一百七十八歲。我們來算一點數學。」她說著，攪糊了盤子裡的煎餅。

「什麼數學？」兩個女孩問。

「我十歲的時候，我爸爸教我的小謎題。在什麼時候，你會愛的人還活著？」

「什麼意思？」

「你們現在十二歲。到什麼時候會變九十歲？」

她們在一張紙上寫著：

2090 + 90 = 2180

「好，現在我們想像妳們有個十歲大的孫子，出生在二一七〇年，他在什麼時候會變成九十歲？他們還會不會談到妳們呢？」

她們算出答案。

「是不是二二六〇年？」

「對，妳們能想像嗎？你在世界上最愛的那個人在二二六〇年還活著！想像妳們的時間。我出生在二〇〇八年，而妳們認識的人到了二二六〇年都還活著，那就是妳們串連起來的時間，超過兩百五十年，也就是妳們能夠親手碰觸到的時間。妳們的時間就是妳們認識和妳們愛的人的時間，也是形塑妳們的時間。妳們的時間同時也是妳們可以認識和愛人的時間，是妳們可以形塑的時間。妳們做的每一件事都很重要。妳們每一天都在創造未來。」

27

現代「靜止」啟世錄

——新冠病毒後記

我們被迫停下來了。這是我從未想過會發生的事。

我曾經在雷克雅未克做過一個實驗，說服市長在一名老太空人上全國廣播節目談論星星時，將城裡的燈光關掉半個鐘頭，用意是讓那些從未見過漆黑天空的孩子們，有機會看看滿天星斗的夜空。當燈光熄滅，很多東西就會浮現。當燈光熄滅，城裡的聲音也變得靜肅。人們開始壓低嗓子說話，左鄰右舍走出家門，在在秋色似水的黑夜中，凝望著天空。我花了六年的時間才說服這個城市，關掉燈光半個鐘頭，好好的看看天上的星星。

我們已經講了好多年，說人類這個種族走得太快了。我們太接近地球的界線，減少了生物多樣性。在未來的八十年間，預期海洋的酸鹼度變化會超過五千萬年來的變化；冰封數千年的冰川與永久凍土，也可能在未來八十年內融化。我們必須放慢腳步，避免大難臨頭。我在《時間與水》一書中提出一個問題：如果我們是理性的生物，知道我們正往哪裡走，應該就會停下來，不是嗎？但是我連做夢都想不到這個世界會這麼快就停下來，而且是以如此極端的方式。

在新冠病毒的全球大封鎖中，我跟許多人一樣，喪失了很多機會，所有的演講和演出全都取消。我才剛完成一部紀錄片《與象共舞——躁鬱症的音樂旅程》（*The Hero's Journey to the Third Pole – A Bipolar Musical Documentary with Elephants*），辛苦工作了三年之後，這部片子正準備在冰島全國上映，結果在首映的那一天，政府宣佈禁止大型集會，全國戲院關閉；因為不確定再度開放的時間，我們幾個月來的宣傳全都付諸東流，所有的訪談也都成了徒勞，呼籲大家重視心理健康的活動也得暫時擱下，因為全世界都在討論另外一個關於身體健康的緊急問題。

整整一個星期，我們什麼也不能做，所有的工作全都停擺。然後，跟我一起導演這部片子的安妮·歐勒芙多蒂爾（Anní Ólafsdóttir）跟我開始在想：我們是不是錯過了什麼？我們是不是太過沉溺在舊世界，追悼失去的機會，反而讓這個歷史性的時刻溜走了呢？

整個電影產業停頓，設備擱置，所有的人才困坐家中，等待機會。於是我們借來了超棒的 ARRI Alexa 攝影機，聘請一位攝影師加我們的行列，展開了捕捉空白的旅程。我們要探索的，不只是空蕩蕩的空間，而是捕捉藝術家與思想家在這個全球不確定的年代中有什麼想法。我們問：「你們怎麼想？」我們想要捕捉這個沒有人知道世界將往何處去的特別時刻。世界會變得更好，還是更壞？這個大停頓有什麼意義？又告訴我們什麼？

我們訪問的第一個對象是哲學教授希格莉朵·索吉多蒂爾（Sigrídur Thorgeirsdóttir），她談到了《十日談》（*The Decameron*）——義大利作家喬凡尼·薄伽丘（Giovanni Boccaccio）所寫的一系列故事，背景就是一三四八年黑死病在佛羅倫斯大流行的時候，在佛羅倫斯城外的一個小村莊；內容是十個年輕人為了躲避瘟疫而聚在這個小村莊，於是他們輪流講故事，連續講了十天。希格莉朵認為我們需要故事來理解現在發生了什麼事。

當時，我們並沒有想太多，但是在結束了連日來的密集攝影之後，我們將手邊的資料依照時間順序儲存到電腦裡，這才赫然發現我們正好在十天之內拍到十個人跟我們講故事。於是，我們拍攝了某種現代版的《十日談》。我們忙著拍攝工作，時間過得很快，冰島的疫情趨緩，城市又重新開放。我們捕捉到那個瞬間，但是希望以後再也不會捕捉到了。

我們想要探索，在這個受限的時代，人類還可以持續創作到什麼程度？我們遵循所有的社交距離規範：搭不同的車輛出行，隔著窗戶或半開的門採訪，每一位藝術家都跟我們或是替我們做了某種形式的演出。我們想要呈現：藝術在每一種情況下都會發生；即使當一切都停下來時，藝術還是會找到出路，始終都會；藝術有無限的可能，甚或還是更重要的。這些限制形塑了藝術，成了藝術的一部份，而不是阻撓藝術的障礙。在空白中拍攝這部紀錄片——在封鎖空間的縫隙之中——我們保持健全神智與正常活動，也請藝術家為我們或是跟我們一起做同樣的事。這不只是為了藝術而藝術，而且對我們理解現況以及探索此刻可能性的欲望，至關重要。經歷這場大停頓、大休止符、「靜止」啟示錄，究竟有什麼意義？這讓我們對自己、對我們的身體、我們的自然，我們的系統有什麼樣的體會？

視覺藝術家哈拉爾杜．喬恩森（Haraldur Jónsson）跟我們說，在希臘文中，「啟示錄」一詞的意思是「發現什麼東西」。而這就是一個啟示錄：發現籠罩我們的煙霧，發現我們的脆弱和我們供應鏈，發現政府的能與無能，發現健康不是個人的事，因為地球上每一個人的健康都是彼此相關連的——而且也跟地球體系的健康緊密關連。

我們見了知名攝影師雷格納・艾克索森，他才剛剛開著車繞冰島一圈，用相機拍下完全沒有國內外旅客的空白。他說，動物變得不太一樣，就好像牠們完全忘了我們的存在，鳥不會驚動，馬匹直接站在馬路中央。他跟我們說到在格陵蘭跟著獵人去冰上打獵的故事，他們跟他說：「絕對不要對自然有不敬的言行，自然會反擊。」

舞蹈家恩娜・伊莉莎白（Unnur Elísabet）原本要在巴賽隆納完成學位，但是卻在學校關閉之後，搭上最後一班飛機回到冰島，取消了原本的盛大畢業公演，只好改在她父母親的度假小屋隔離兩周的期間，以簡單的線上演出完成學業。

我們也去拍了凱夫拉維克國際機場（Keflavik International Airport）——冰島與外界聯繫的門戶，平常都人滿為患，現在卻空無一人。我們在想是不是可以在這裡做點什麼，讓舞蹈家在這座空機場內跳一支舞。我們打幾通電話給主管機關，他們說沒問題，而且還願意提供各種協助。何樂而不為呢？反正機場空著也是空著，只有早上兩架貨機起飛。於是我們又問：「如果沒有班機起飛，那我們可以在飛機跑道上跳舞嗎？或許這是歷史上唯一可能的機會。」「我可以晚一點再給你回覆嗎？」後來，他們回電說：「可以，只要有我們的工作人員陪同就可以。」於是我們開始籌備這場跑道上的舞蹈，然後又有另外一個想法：如果能用無人機拍攝演出的話，那就更好了。

於是我們又打了一次電話，這一次可以聽到背景裡有小孩在唱歌，顯然是居家上班的公務員。「我們可以用無人機空拍舞蹈嗎？」我問。「在機場上空？」「可以，你只要填這個表格，」她說。於是，恩娜替我們跳了舞，也跳走了失去表演機會的挫折，跳走了隔離兩周的鬱悶；她跳過了海關與安檢門，跳過了免稅商店，一路跳到飛機跑道，正好看到那天唯一一班飛往歐洲的班機起飛，是一架貨機。

甘納．卡瓦蘭（Gunnar Kvaran）用他的大提琴替我們演奏了巴哈；過去這幾個星期，他一直用 Skype 在線上指導學生。他說，這些事情不會只是巧合，這個病毒一定是宇宙來的警訊。科學家已經告訴我們氣候發生了什麼事，如果我們不採取行動的話，未來會發生什麼事。政府和企業跟我們說，什麼都不能停下來。現在我們經過了這場大停頓，在這一刻，我們必須重新思考每一件事。我們停頓下來，是為了拯救父母和祖父母的性命，但是現在的問題是：我們可以為了我們的孫輩，為氣候付出同樣的努力嗎？他說，現在他已經七十好幾了，生命教會他傾聽宇宙，留意他收到的訊號和警告。如果他不這樣做，唯一的結果就是遭殃。如果這適用於一個人，為什麼不該適用於所有人類呢？

詩人伊莉莎白．約庫斯多蒂爾（Elísabet Jökulsdóttir）則是透過客廳的玻璃窗跟我們談話，因為她屬於三重脆弱風險的人群——她的年紀、身體健康和精神狀態。我們架好攝影機，然後她打電話給我們。她說，病毒沒有什麼正面的，她只是覺得害怕，不過我們要將這次的經驗用在好的地方或是壞的地方，則全在我們的一念之間。她還指引我們方向，去惠拉蓋爾濟（Hveragerdi）的村落，找到她創作的一座雕塑；那是放在河邊的一座石雕，雕刻出一個座位，讓人可以坐下來看著河水流過。這件藝術品的名稱叫做《走過》（*It will pass by*），是獻給那些有心理問題和自殺念頭的年輕人。不管你遭遇什麼問題，也不管看似多麼痛苦，最後，一切都會走過。

我們還去採訪劇場導演索萊佛．艾爾納爾森（Thorleifur Arnarsson）及他的視覺藝術家妻子安娜．容．特里格瓦多蒂爾（Anna Rún Tryggvadóttir）。他們在柏林封城一個月後，搭乘最後一班飛機回到冰島。索萊佛正在維也納排演易卜生的劇本《皮爾．金特》（*Peer Gynt*），但是演出被取消了。「劇場不只是暫停，」他說。「而是死了。即使在納粹時代，德國也到處都有劇場，公立的劇院支持政府和地下劇場，但是現在什麼都沒有。劇場已經死了，已經死了，線上劇場根本就不是劇場。劇場就是要有現場演出和觀眾，那才是產生藝術的地方：二者像是血肉相連。現在這已經不可能了，變成非法行為，還被貼上了非必要產業的標籤。經此一疫，劇場還會像以前一樣嗎？我們的社會也是一樣。我們才剛經歷過人類史上最大的一次社會實驗，難道我們可以一切重頭開始，假裝什麼事都沒有發生過嗎？」

索萊佛與安娜的八歲兒子特里格維已經整整八個星期沒有上學了。他用鋼琴做了一首跟新冠病毒有關的歌曲，於是穿著內褲，坐下來，開始演奏。他只用到鍵盤最左邊的黑鍵，聽起來像是安魂曲，代表這個封鎖世代中一億名孩童的失意吶喊。至於歌詞，大致是說：「去死、去死、去死、去死吧，混蛋、混蛋、混蛋、混蛋，我痛恨新冠病毒！」

我們開車經過雷克雅未克市區空無一人的街道，聽著收音機裡的新聞：兩千人，幾乎是冰島人口的百分之一，在一天之內失業；其中大部份都跟機場和冰島航空有關。近年來，觀光業成了我們經濟中最重要的一環，所占比例比漁業和其他產業都還要大。自從埃亞菲亞拉冰川火山爆發讓冰島成為全球旅遊熱門景點以來，我們嚐到經濟爆發的甜頭，現在全部一筆勾消，沒有人知道什麼時候還能再次旅遊。

話雖如此，聽到西班牙、義大利、英國和美國屢屢傳來社會混亂與死亡的消息——再加上美國總統令人匪夷所思的發言——我們對於國內採取的措施，還是心存感激。

在處理新冠病毒的議題上，冰島政府表現出令人意想不到的專業與能力。所有的決策都以科學為基礎，所有的政令都不是出自政客，而是首席流行病學家、衛生首長、冰島警方的總警司每天共同參與的會議。民意調查顯示，冰島有百分之九十六的人信任政府採取的行動。我們經歷過焦慮和金融損失，但是在此同時——或許是一九九〇年代以來的第一次——卻對體制與政府有這樣的信心與信任，幾乎等同於信任外科醫生將你麻醉，進行開心手術了。儘管從長遠來看，毫不質疑的信任權威未必健康，但是在多年的政治兩極化對立之後，這樣的情況，這種對政府信任的時刻，卻讓人感到一種奇怪的寬慰。其實我們也不是完全封鎖，只是嚴格執行保持兩公尺的社交距離，還有商店內部的顧客人數限制。小孩子還是可以上學，一天最多兩個鐘頭，因為他們似乎不會帶原或是感染疾病，至少不像成人那麼嚴重。這樣的想法證明是對的，因為這有助於讓許多家庭和孩子保持正常的心智與作息，度過難關。

因此，冰島政府在冰島人民的協助之下，終於緩和了疫情的曲線。我們也進行了大規模的篩檢，幾乎百分之二十的人都做過檢查；對那些檢驗出陽性的人，我們也能精確地追蹤到他們接觸過的人，這些人都必須要有十四天的居家隔離。幾乎有百分之五的人——約莫一萬九千人——曾經居家隔離過。我們也都下載了APP，便於追蹤我們見過什麼人、去過哪些地方。

在我寫這篇文章之際——二〇二〇年五月十日——冰島已經連續五天沒有新增的新冠肺炎病例，從巔峰期的一天一百人到現在的零；我的孩子也在相隔兩個月後，第一次擁抱他們的祖父母。我們從未超越加護病房所能負荷的容量，病患的存活率也出奇的高。每一位測出陽性的人，每天都會接到醫院打來的關懷電話，如果他們的症狀惡化，就會立刻送進醫院。在所有兩千例陽性病例中，只有十個人死亡。

這種做法拯救了生命，也造就與鄰國相比的低死亡率，冰島人都心存感念。這讓我們免於大部份的痛苦，而大部份的人都只是共同經歷了困在家裡不能出門、無法跟家中長輩見面、小孩每天都在家、失去機會、集體失業造成的不確定未來、對第二波病毒來襲的恐懼。當然還有對所有事物都覺得怪怪的感覺。

我們的訪談深入探討了各種不同的想法與意見。有些人說，危機不會改變我們，反而讓我們更渴望過去的生活方式，甚至在下一個十年間，會出現「喧囂的二〇年代」，更飢渴地追求消費、製造、速度與浪費。其他人則說，這證明了政府可以根據科學施政來避免傷害，證明了資本主義與工業機器不是自然法則，也不是超越甚或無關乎科學和人類生活。

奇怪的是，有時候我會覺得，冰島人在危機中似乎比在經濟繁榮時代更怡然自得。我們在地球上最艱苦的一個地方生活了一千年，早就知道總是會有什麼事情發生。老婦人會在晴空萬里的好天氣時搖著頭，喃喃自語道：「這是壞兆頭。」當然，也確實總是有什麼事情發生。嚴霜寒冬、瘟疫、雪崩、火山爆發、巨大暴風或地震。現在，一個小小的病毒就讓我們脫離常軌。我們必須重建，並且重新思索。說也奇怪，我們好像早就知道這一天會到來，因為我們經常拿觀光業大爆發來開玩笑說：「泡沫破掉之後，這些飯店要做什麼？拿來當養老院？或是藝術家住所？」

這樣的啟示錄在全球各地都有，對萬物來說，都是一種新的啟發。我們看到了結構：我們可以看到喜馬拉雅山，看到中國的天空變藍，威尼斯的水變得清澈。病毒也讓我們發現了政客與政府的想像力——或者說缺乏想像力。當混亂情況席捲武漢時，許多人沒有想到同樣的情況會在他們國家發生，所以也沒有想到要採取必要的預防措施；當疫情在義大利爆發時，在北歐和美國仍是一個遙遠的問題。這個危機讓我們知道：理解科學並且應用在未來現實有多麼重要。然而，我們還是學得很慢，一而再、再而三地讓悲劇蔓延，只是因為我們不相信這種事情會發生在自己身上。但是這一次，所有一切都停頓下來，因為我們所愛的人很可能在下個星期生病，這樣的危機讓人感同身受。

現在，最大的問題是：我們要如何以同樣迫切的態度採取行動，為了二〇五〇年、二〇六〇年或二〇八〇年我們所愛的人，保護他們生命的基礎？我們是否能夠從新冠肺炎危機中，全球怠於行動而導致巨大痛苦的經驗汲取教訓，並且應用在整個地球的未來之上？在這次的大停頓裡，有沒有什麼可以指引我們方向？

謹以此書
獻給我的兒女、孫兒女、曾孫兒女

安德烈·賽恩·馬納松

8 'Sea Level Rise', http://atlas-for-the-end-of-the-world.com/ world_maps/ world_maps_sea_level_rise.html

9 'Global Warming of 1.5°C', IPCC 2018, https://report.ipcc.ch/ sr15

10 Anna Agnarsdo'ttir, 'Var gerd bylting a' I'slandi sumarid 1809?' ['Was There a Revolution in Iceland in the Summer of 1809?], *Saga*, 37, 1999.

11 *I'slenzk sagnablo ¨ d*, Kaupmannaho ¨ fn, 1826, p. 80. Translation: 'Historical Account of a Revolution on the Island of Iceland in the Year 1809', ed. O'din Melsted and Anna Agnarsdo'ttir, Reykjavi'k: Reykjavik University Press, 2016, p. 163.

12 K. Caldeira and M. E. Wickett, 'Anthropogenic Carbon and Ocean pH', *Nature*, 2003, p. 425.

13 'A'hrif loftslagsbreytinga a' sja'varvistkerfi' ['The Impact of Climate Change on Marine Ecosystems'], *Morgunbladid*, 12 September 2006, p. 10.

14 Cf. www.ipcc.ch/

15 Heinrich Harrer. *Seven Years in Tibet*, London: Rupert Davis, 1953, p. 124.

16 *Dhammapada: vegur sannleikans. Ordskvidir Bu'dda.* [*Dhammapada: The Way of Truth. Buddha's Sayings*], trans. Njo ¨ rdur P. Njardvi'k, Reykjavi'k, 2003, p. 85.

17 *Landna'mabo'k*. I'slensk fornrit I, Reykjavi'k: Jakob Benediktsson Publisher, 1986, p. 321.

18 P. Wester, A. Mishra, A. Mukherji and A. B. Shrestha (eds), *The Hindu Kush Himalaya Assessment: Mountains, Climate Change, Sustainability and People*, Springer Open, 2019, https://link. springer.com/content/ pdf/10.1007%2F978-3-319-92288-1.pdf

19 Ibid.

20 Kunda Dixit, 'Terrifying Assessment of a Himalayan Melting', *Nepali Times*, 4 February 2019, www.nepalitimes.com/banner/ a-terrifying-assessment-of-

參考資料

1 'Corporate Default and Recovery Rates, 1920–2008', *Moody's Global Credit Policy*, www.moodys.com/sites/products/ DefaultResearch/2007400000578875.pdf

2 'Splendor in the Mud: Unraveling the Lives of Anacondas', *New York Times*, www.nytimes.com/1996/04/02/science/ splendor-in-the-mud-unraveling-the-lives-of-anacondas.html; Paul P. Calle, Jesu's Rivas, Mari'a Mun~oz, John Thorbjarnarson, Ellen S. Dierenfeld, William Holmstrom, W. Emmett Braselton and William B. Karesh, 'Health Assessment of Free-Ranging Anacondas (*Eunectes murinus*) in Venezuela', *Journal of Zoo and Wildlife Medicine*. vol. 25, no. 1, Reptile and Amphibian Issue (March 1994), pp. 53–62.

3 *Vi'sir*, 10 March 1933, p. 2. In *Heimdalli*, 18 Apri'l 1933 (p. 1) 507/5000, a chart of marine casualties that occurred in the first quarter of that year. In total, thirty-four people were killed; in addition, the article says that it is likely two German trawlers and one English also went down around Iceland, about thirty- six to forty people in total. Certainly fifty to one hundred Icelandic children were left fatherless during these three months. Icelanders lost proportionally as many at sea during these years as other nations did at war. 2014 was the first year in Icelandic history when no sailor died doing his job.

4 Helgi Valty'sson, *A' hreindy'raslo'dum* [*In Reindeer Country*]. Akureyri, 1945, p. 11.

5 Ibid, pp. 104–105.

6 'Our history', Alcoa, www.alcoa.com/global/en/who-we-are/ history/default.asp

7 Helgi Valty'sson, *A' hreindy'raslo'dum* [*In Reindeer Country*], p. 57.

32 Caspar A. Hallmann , Martin Sorg, Eelke Jongejans, Henk Siepel, Nick Hofland, Heinz Schwan, Werner Stenmans, Andreas Mu ¨ ller, Hubert Sumser, Thomas Ho ¨ rren, Dave Goulson and Hans de Kroon, 'More than 75 Percent Decline over 27 Years in Total Flying Insect Biomass in Protected Areas', https://journals.plos.org/plosone/article?id=10.1371/ journal.pone.0185809

33 Douglas Martin, 'John Thorbjarnarson, a Crocodile and Alligator Expert, Is Dead at 52', *New York Times*, www.nytimes. com/2010/03/10/science/10thorbjarnarson.html?mtrref=www. google.com

34 'John Thorbjarnarson', *The Economist*, www.economist.com/obituary/2010/03/18/john-thorbjarnarson

35 P. Nielsen, 'Si'dustu geirfuglarnir', *Vi'sir*, 12 September 1929, p. 5.

36 P. Nielsen, 'Sæo ¨ rn', *Morgunbladid*, 2 August 1919, pp. 2–3.

37 'Media Release: Nature's Dangerous Decline "Unprecedented"; Species Extinction Rates "Accelerating"', I*PBES – Science and Policy for People and Nature*, www.ipbes.net/ news/Media-Release-Global-Assessment

38 'Nicholas Clinch, Who Took on Unclimbed Mountains, Dies at 85', *New York Times*, www.nytimes.com/2016/06/23/sports/ nicholas-clinch-who-took-on-unclimbed-mountains-dies-at-85. html

39 Sigurdur Tho'rarinsson, 'Vatnajo ¨ kulsleidangur 1956', *Jo ¨ kull*, A'rsrit Jo ¨ klarannso'knarfe'lags I'slands, p. 44.

40 Mari'a Jo'na Helgado'ttir, 'Breytileg stærd jo ¨ kulsins Oks i' sambandi vid sumarhitastig a' I'slandi' ['The Changing Size of the Ok Glacier in Relation to Icelandic Summer Temperatures'], BSc dissertation in Earth Sciences at the University of Iceland, School of Engineering and Natural Sciences, supervisor Hreggvidur Norddahl, Ha'sko'li I'slands, 2017.

41 Cf. www.facebook.com/jardvis/posts/2705880609426386.

42 H. Frey, H. Machguth, M. Huss, C. Huggel, S. Bajracharya, T. Bolch, A. Kulkarni, A. Linsbauer, N. Salzmann and M. Stoffel, 'Estimating

himalayan-melting/

21 David Wallace-Wells, 'UN Says Climate Genocide Is Coming. It's Actually Worse Than That', *Intelligencer*, http://nymag.com/ intelligencer/2018/10/ un-says-climate-genocide-coming-but-its- worse-than-that.html

22 'Only 11 Years Left to Prevent Irreversible Damage from Climate Change, Speakers Warn During General Assembly High-Level Meeting', www. un.org/press/en/2019/ga12131.doc. htm

23 'Sea Level Rise Viewer', https://coast.noaa.gov/slr/

24 Bjo ̈ rn Thorbjarnarson: 'The Shah's Spleen', www.journalacs. org/ article/S1072-7515(11)00292-4/fulltext?fbclid=IwAR3u0_ tMdcN-ukZqwHhR7CfhNXrCPXkG4cz0ZBBKK8mz ZY_LgpGA-hGIzVFg

25 Blake Gopnik, 'Andy Warhol's Death: Not So Simple, After All', *New York Times*, www.nytimes.com/2017/02/21/arts/ design/andy-warhols-death-not-so-routine-after-all.html

26 *The Decision to Drop the Bomb* (1965), dir. Fred Freed and Len Giovannitti, NBC, www.youtube.com/watch?v=iZ85SgoLRNg

27 Wayne F. King, Harry Messel, James Perran Ross and John Thorbjarnarson: 'Crocodiles – An Action Plan for Their Conservation', https://portals.iucn. org/library/node/6002

28 'Mamiraua', land flædisko'garins', *Morgunbladid*, 24 August 1997, pp. B18–B19.

29 'Crocodiles: An Action Plan for Their Conservation', https:// portals.iucn. org/library/node/6002

30 Lao Tse, *Bo'kin um veginn*, trans. Jakob Jo'hann Sma'ri and Yngvi Jo'hannesson thy'ddu, Reykjavi'k, 1921, p. 11.

31 'Arctic Report Card: Update for 2018', https://arctic.noaa.gov/ Report-Card/Report-Card-2018

warming-to-1-5c

54 'Global energy Transformation: A Roadmap to 2050', *IRENA (International Renewable Energy Agency)*, www.irena.org/ publications/2019/Apr/Global-energy-transformation-A- roadmap-to-2050-2019Edition

55 Cf. www.herkulesprojekt.de/en/is-there-a-master-plan/the- moon-landing.html

56 'Mike Pompeo Praises the Effects of Climate Change on Arctic Ice for Creating New Trade Routes', *Independent*, www. independent. co.uk/news/world/americas/us-politics/mike- pompeo-arctic-climate-change-ice-melt-trade-a8902206.html

57 Sandra Laville, 'Top Oil Firms Spending Millions Lobbying to Block Climate Change Policies, Says Report', *Guardian*, www.theguardian.com/business/2019/mar/22/ top-oil-firms-spending-millions-lobbying-to-block-climate- change-policies-says-report

58 'Annual Energy Outlook 2019', *EIA – US Energy Information Administration*, www.eia.gov/outlooks/aeo/

59 James Rainey, 'The Trump Administration Scrubs Climate Change Info from Websites. These Two Have Survived', *NBC News*, www.nbcnews.com/news/us-news/two-government- web-sites-climate-change-survive-trump-era-n891806

60 'A Fifth of China's Homes Are Empty. That's 50 Million Apartments', *Bloomberg News*, www.bloomberg.com/news/ articles/2018-11-08/a-fifth-of-china-s-homes-are-empty-that-s- 50-million-apartments

61 Cf. http://anthropocene.info/great-acceleration.php

62 *Earth System Science Data*, www.earth-syst-sci-data-discuss.net/5/1107/2012/essdd-5-1107-2012.pdf

63 'Revisiting the Earth's Sea-Level and Energy Budgets from 1961 to 2008', *Geophysical Research Letters*, https://agupubs. onlinelibrary.wiley.com/doi/full/10.1029/2011GL048794

the Volume of Glaciers in the Himalayan– Karakoram Region Using Different Methods', *The Cryosphere*, www.the-cryosphere.net/8/2313/2014/tc-8-2313-2014.pdf

43 'CO2 Concentrations Hit Highest Levels in 3 Million Years', *Yale Environment 360*, Yale School of Forestry and Environmental Studies, https://e360.yale.edu/digest/CO2- concentrations-hit-highest-levels-in-3-million-years

44 'Are Volcanoes or Humans Harder on the Atmosphere?', *Scientific American*, www.scientificamerican.com/article/ earthtalks-volcanoes-or-humans/

45 'Planes or Volcano?', https://informationisbeautiful.net/2010/ planes-or-volcano

46 Calculations based on the assumption that the Eyjafjallajökull emissions were 150,000 tons of CO2 per day, US emissions amount to 5.4 gigatons and UK emissions to 400 megatons. Then methane and land use CO2 equivalents can be added. The calculations here focus on just the fire alone.

47 'Global Warming of 1.5°C', IPCC 2018, www.ipcc.ch/sr15. 46; also see www.globalcarbonproject.org/

48 'Global Warming of 1.5°C', IPCC 2018, https://report.ipcc.ch/ sr15

49 Hans Rosling, with Ola Rosling and Anna Rosling Rönnlund, 'Deaths in Wars', in *Factfulness: Ten Reasons We're Wrong About the World – And Why Things Are Better Than You Think*. New York, Flatiron Books, 2018.

50 Cf. www.hagstofa.is/utgafur/frettasafn/umhverfi/losun- koltvisyrings-a-einstakling/

51 'Extreme Carbon Inequality', Oxfam International, www-cdn. oxfam.org/s3fs-public/file_attachments/mb-extreme-carbon- inequality-021215-en.pdf

52 Cf. www.loftslag.is/?p=10716

53 For a good discussion of the theoretical basis of such calculations, see www.carbonbrief.org/analysis-how-much- carbon-budget-is-left-to-limit-global-

anthropocene- archaeology.html

76 Christopher A. Brochu and Glenn W. Storrs, 'A Giant Crocodile from the Plio-Pleistocene of Kenya, the Phylogenetic Relationships of Neogene African Crocodylines, and the Antiquity of Crocodylus in Africa', *Journal of Vertebrate Paleontology*, vol. 32, issue 3, 2012, pp. 587–602.

77 'Doha Infographic Gets the Numbers Wrong, Underestimates Human Emissions', *Carbon Brief*, www.carbonbrief.org/ doha-infographic-gets-the-numbers-wrong-underestimates- human-emissions

78 Cf. www.drawdown.org

79 'US Could Feed 800 Million People with Grain That Livestock Eat, Cornell Ecologist Advises Animal Scientists', *Cornell Chronicle*, https://news.cornell.edu/stories/1997/08/us-could- feed-800-million-people-grain-livestock-eat

80 Emily S. Cassidy, Paul C. West, James S. Gerber and Jonathan A. Foley, 'Redefining Agricultural Yields: From Tons to People Nourished Per Hectare', *Environmental Research Letters*, https:// iopscience.iop.org/article/10.1088/1748-9326/8/3/034015

81 'National Inventory Report. Emissions of Greenhouse Gases in Iceland from 1990 to 2017', *Umhverfisstofnun*, www.ust. is/library/Skrar/Atvinnulif/Loftslagsbreytingar/NIR%20 2019%20Iceland%2015%20April%20final_submitted%20to%20 UNFCCC.